北大医院儿科医生

科学育儿百科

梁芙蓉 ——— 编著
北京大学第一医院儿科主任医师
中国优生科学协会临床营养工作组委员会委员

吉林科学技术出版社

图书在版编目（C I P）数据

北大医院儿科医生科学育儿百科 / 梁芙蓉编著 .-- 长春：吉林科学技术出版社，2023.11

ISBN 978-7-5744-0717-6

Ⅰ.①北… Ⅱ.①梁… Ⅲ.①婴幼儿－哺育－基本知识 Ⅳ.① TS976.31

中国国家版本馆 CIP 数据核字 (2023) 第 137691 号

北大医院儿科医生科学育儿百科

BEIDA YIYUAN ERKE YISHENG KEXUE YU'ER BAIKE

编　　著　梁芙蓉
策 划 人　张晶昱
出 版 人　宛　霞
策划编辑　朱　萌
责任编辑　刘建民
全案制作　悦然生活
幅面尺寸　167 mm × 235 mm
开　　本　16
印　　张　12.5
字　　数　220千字
印　　数　1-5000册
版　　次　2023年11月第1版
印　　次　2023年11月第1次印刷
出　　版　吉林科学技术出版社
发　　行　吉林科学技术出版社
地　　址　长春市福祉大路5788号出版集团A座
邮　　编　130118
发行部电话/传真　0431-81629529　81629530　81629531
　　　　　　　　81629532　81629533　81629534
储运部电话　0431-86059116
编辑部电话　0431-81629518
印　　刷　长春百花彩印有限公司
书　　号　ISBN 978-7-5744-0717-6
定　　价　39.80元

前言

自孩子出生后，营养问题就成了我们生活中的一件“大事”。我们常常会忍不住担心：

孩子吃饱了没？

做的饭菜够不够营养？

……

但是，你知道吗？费尽心思地为孩子准备的饭菜，可能营养并不均衡，甚至可能会导致孩子身体不适。比如：

- 给孩子吃得太多，导致消化不良，引起发热；
- 给孩子吃得营养过剩，导致孩子性早熟，影响发育；
- 不合理的食物搭配，导致孩子摄入过多热量和脂肪，日积月累，吃成了小胖墩儿。

为什么一定要关注孩子“吃”这件事？

现代营养学育儿观认为，良好的孕期和哺乳期营养水平 + 孩子生长时期保持科学合理的饮食习惯，是保障孩子健康、快速成长的物质基础。

但是，现在关于吃的说法有很多，上网一搜说什么的都有，矛盾的观点一大堆，家长们到底该信谁？

我在工作和日常生活中，经常遇到家长咨询关于儿童营养方面的问题，比如，孩子生长发育迟缓、头发枯黄、肥胖、免疫力低下、食物过敏等，在运用营养学方法干预后，发现效果非常明显。

于是，在医院临床之外，我开始致力于营养学知识的科普工作，化繁为简，意在为家长提供科学、实用、好学易懂的营养学建议。

这本书结合我国居民营养缺乏和营养过剩并存、慢性病高发的现状，指导家长改善饮食习惯，合理搭配三餐，让孩子的饮食营养均衡，解决家长对孩子吃饭问题的焦虑，以实现孩子长得高、身体好、学习棒的目标。同时，也祝愿每个孩子都能拥有无病无忧的美好人生。

梁芙蓉

2023 年 10 月

第一章

营养对了，孩子身体壮、免疫力强

“小胖墩儿”“豆芽菜”根源都是营养失衡惹的祸

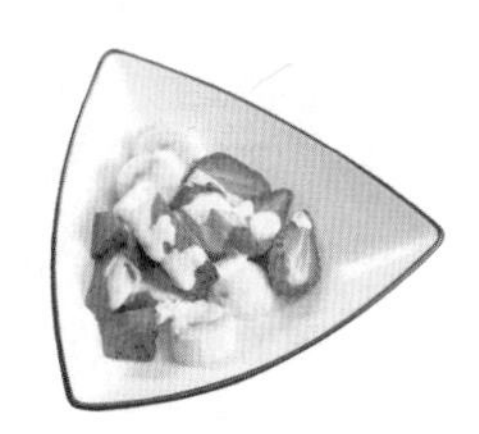

抓住孩子身高生长黄金期，长高 10 厘米不是难事

第四章 干货分享“补脑”攻略，孩子不走神，记性好

第五章 掌握小病应对方案，家长心不慌

图解安全急救知识，一看就会

第一章

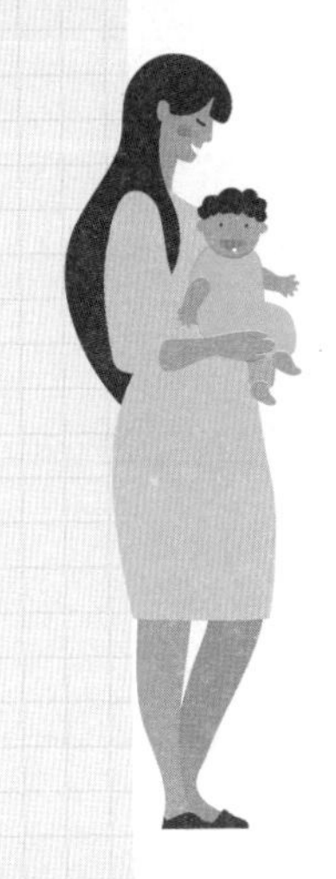

营养对了，孩子身体壮、免疫力强

揭秘婴幼儿喂养核心，夯实一生健康基础

婴幼儿喂养主要包括儿童从出生到 3 岁期间的母乳喂养、辅食添加、合理膳食和饮食行为培养。营养对儿童生命早期是非常重要的，关系到儿童一生的健康水平。生命早期的营养不良，短时间内会影响儿童的生长发育，导致儿童出现体重低、生长迟缓等现象，从长时间看又会导致儿童大脑认知功能下降，导致其缺乏铁、锌，甚至会导致其成年后发生如高血压、糖尿病、冠心病等慢性代谢性疾病。在生命的最早期通过合理的营养搭配喂养来避免儿童营养不良，才能为儿童的终身健康奠定基础。

6 个月前坚持纯母乳喂养，奠定健康基础

母乳含有丰富的营养素、免疫活性物质和水分，能够满足 0～6 个月婴幼儿生长发育所需要的全部营养，这是配方奶、牛羊奶等无法替代的。6 个月内的健康婴儿提倡纯母乳喂养，不需要添加水和其他食物。

母乳喂养不仅可以促进大脑发育，还可以增进亲子关系，以及降低婴儿患感冒、腹泻、肺炎和哮喘等疾病的风险，减少成年后糖尿病和心脑血管疾病等慢性病的发生概率。

按需哺乳，注意补充维生素 D

母乳应当按需哺乳，每日 8～10 次以上，确保婴儿摄入足够的乳汁。要了解和识别婴儿咂嘴、吐舌、寻觅等进食信号，及时哺乳，不应等到婴儿饥饿哭闹时再哺乳。婴儿从出生开始，应当在医生指导下每天补充维生素 $D_3$10μg（400IU），促进生长发育。婴儿出生后 6 个月内一般不用补充钙剂。

6 个月后逐步添加离乳食，营养跟得上，不生病

离乳就是断奶，只是在用词遣词上，断奶更流露出几分无奈和决断，意味着需要采用人工的方式来强制宝宝离乳。国际母乳会和世界卫生组织都建议：母乳最好喂到自然离乳。“自然离乳”，就是让宝宝自己决定什么时候离乳，在自然的状态下平和地离乳。母乳是宝宝的最好食品，在可能的条件下应追求母乳喂养。所以在妈妈和宝宝都做好准备之前，建议不要强制离乳。

判断离乳饮食的添加时机

如果你发现你的宝宝出现了以下行为，就可以开始添加离乳食：

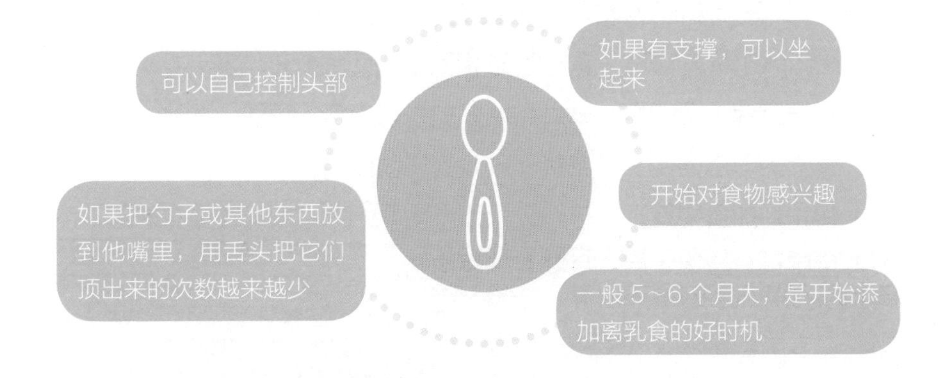

刚开始添加时的注意事项

1. 在宝宝身体状况好的时候再开始。

2. 每天早上在喂奶（母乳或配方奶）之前，先喂一小勺辅食。

3. 逐渐增加食物量，时时关注他的成长、情绪、胃口和粪便等情况。

4. 在最开始时，辅食无须添加调味料。

5. 食物必须经过烹饪后再给宝宝吃——最开始必须像米糊一样稀滑，且必须热透。

6. 要特别注意烹饪卫生。

如何做到逐步添加

每次尝试添加一种新食物时，先从 1 勺（大约 5 毫升）开始。

	1天	2天	3天	4天	5天	6天	7天	8天	9天	10天
米糊	🥄	🥄	🥄🥄	🥄🥄	🥄🥄🥄	🥄🥄🥄	🥄🥄🥄	🥄🥄🥄	🥄🥄🥄	🥄🥄🥄
土豆蔬菜						🥄	🥄	🥄🥄	🥄🥄	🥄🥄
豆腐、肉鱼										🥄

例如，如果宝宝可以接受碎米粥，便可以在第 6 天开始添加稀土豆泥；第 10 天开始添加豆腐或白色肉质的鱼肉。

在逐步添加新食物时，需要把握下面几个原则：

1. 根据宝宝进食能力，一点点地添加，切勿贪多求快。
2. 食物的形态逐步从“泥状”过渡到“固体”。
3. 慢慢增加食物量。
4. 宝宝进食量增大后，每餐营养要均衡。

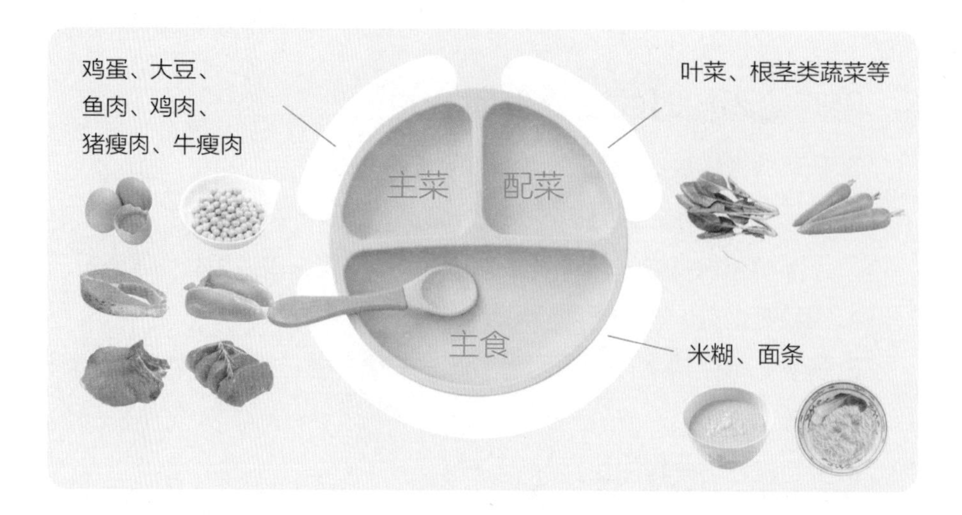

不同阶段的每日饮食具体安排

5～8 个月大吞咽期

每天添加
1～2 次辅食

时间

- 早上 10:00 左右添加 1 次辅食
- 吃完辅食后再喂母乳或配方奶
- 无论何时只要宝宝饿了，都可以喂母乳或配方奶

可以流淌的稀泥状
类似米糊一样的质地

食量

每次：5～50 克（1 勺～半碗）
*“碗”指儿童小碗

- 让宝宝习惯奶以外其他食物的味道和口感，并让他习惯吞咽
- 让宝宝习惯用勺子进食
- 在添加辅食后 1 个月左右，每天添加辅食的频率从 1 次增加到 2 次。这时，宝宝每次大概能吃 10 勺左右

9～12个月大“吧唧嘴”的大嚼期

每天添加
2次辅食

时间

- 10:00及18:00左右各添加1次辅食
- 在吃辅食后再喂母乳或配方奶
- 除此以外，只要饿了就可以喂母乳
- 如果喂配方奶，除添加辅食的两次外，每天可以再喂奶3次

质地

软到足够可以用舌头捣烂
类似豆腐一样的质地

食量

每次最多150克（一碗半）
*“碗”指儿童小碗

提示

- 建立每天2次的离乳食添加节奏
- 尝试不同的食物
- 尝试不同的烹饪方法，包括煮、蒸、烤和炒
- 随着宝宝吃辅食的量慢慢增加，在吃辅食后吃母乳或配方奶的量也会随之减少
- 注意食物搭配

循序渐进合理添加离乳食，让宝宝爱上吃饭

如果宝宝不喜欢颗粒感，可以这样做

既然宝宝在整个离乳期需要经历吞咽期、“吧唧嘴”大嚼期和咀嚼期，那家长应该在婴儿不同时期为他准备不同口感的食物。

如果家长一直用捣得特别细烂的食物喂养，就不能很好地开发他咀嚼和吞咽食物的能力。所以，家长需要根据宝宝的发育情况，逐渐改变食物的质地。

如果宝宝没食欲或不想吃，从这几个方面来入手

看看他是否吃烦了同样的食物，换一个烹饪方法试试。

试着从给大人做饭的食材里挑出一部分，按宝宝喜欢的方法烹饪成离乳食。

看看他是否睡得太迟或起得太晚了。

看看他是否运动太多了。

小贴士

如果宝宝的家人（父母、兄弟姐妹）有过敏史，尤其要注意食物的选择；如果出现过敏症状（湿疹、特应性皮炎、呼吸很重、反复拉肚子、麻疹等），请及时就医。

如果宝宝的便便颜色变化了，这样查找原因

便便的颜色会根据食物的变化而变化，有些蔬菜也会还没消化就直接排出。只要宝宝精神、情绪都好，那就照旧喂养。

如果宝宝拉肚子刚刚恢复，就先按上一个阶段的内容烹饪离乳食。

如果宝宝便秘，就多喂一些薯类、绿叶蔬菜、水果或原味酸奶，还要看看宝宝的饮水量是否减少了。

1～3 岁幼儿吃得科学，才能发育好、长得高

基于 1 岁后学龄前儿童生理和营养特点，《中国居民膳食指南（2022）》（以下简称《指南》）在一般人群膳食指南的基础上增加了以下推荐：

食物多样，谷类为主

- 每天摄入谷薯类食物250～400克，其中全谷物和杂豆类50～150克，薯类50～100克
- 平均每天摄入 12 种以上食物，每周 25 种以上

解读

食物多样化

《指南》中提出，平衡膳食必须由多种食物组成，平均每天至少摄入 12 种食物，每周至少 25 种。

谷物为主

《指南》建议每天摄入 250～400 克谷类食物，最好能吃 50～100 克全谷类食物；将薯类放入主食之列，并强调了杂豆的摄入量。

适量吃鱼、禽、蛋、奶

- 优选鱼和禽
- 吃鸡蛋不弃蛋黄
- 少吃肥肉、烟熏和腌制肉制品
- 鱼、畜禽肉、蛋摄入要适量
- 每周吃鱼280～525克，畜禽肉280～525克，蛋类280～350克，鱼、畜禽肉、蛋平均每天摄入总量120～200克

以周为单位推荐动物性食物

实际状况是人们很难一天内吃全畜、禽和水产品，因此则以周为单位推荐动物性食物，比如，今天吃了禽肉，明天可换成鱼肉。

吃鸡蛋不丢弃蛋黄

《指南》强调健康人吃鸡蛋时不要遗弃蛋黄。

多吃蔬果、奶类、大豆

- 餐餐有蔬菜
- 每天吃水果
- 经常吃豆制品，适量吃坚果
- 吃各种各样的奶制品，也相当于每天摄入了液态奶

解读

每天吃水果

水果每人每天食用200～350克。切记果汁不能代替水果。

适量吃坚果

将坚果与大豆类食物合并，推荐摄入量下调，两者相加每日为25～35克。

少油、少盐、控糖

- 培养清淡饮食习惯，少吃高盐和油炸食品。控制每天的盐摄入量，2～3岁儿童少于2克盐；4～5岁儿童少于3克盐。每天烹调油量控制在25～30克
- 控制糖的摄入量，每天摄入不超过50克，最好控制在25克以下
- 每日反式脂肪酸摄入量不超过2克
- 足量饮水，每天800～1400毫升，首选白开水。不喝或少喝含糖饮料，更不能用含糖饮料代替水

解读

《指南》对糖的摄入量提出了限制，特别是甜饮料、果汁、各种糕点、烹调用糖以及加工食品中的隐性糖。

吃动平衡，拥有健康体重

- 食不过量，控制总热量摄入
- 热量平衡应每天增加户外活动时间
- 每天应累计至少 60 分钟高强度身体活动
- 每周至少 3 次高强度的身体活动，3 次抗阻力活动和骨质增强型活动
- 减少静坐时间，视屏时间每天不超过 2 小时，越少越好
- 鼓励孩子至少掌握一项运动技能

建议每天结合日常生活多做体力锻炼（公园玩耍、散步、爬楼梯、收拾玩具等）。适量做较高强度的运动和户外活动，包括有氧运动（骑小自行车、快跑等）、伸展运动、肌肉强化运动（攀架、健身球等）、团体活动（跳舞、小型球类游戏等）。减少静态活动（看电视、看手机）。

适合 2 岁后儿童的餐盘管理法，均衡膳食如此简单

健康的膳食结构应该是食物的种类要多，搭配要均衡。比如，每顿饭里，至少要有主食、蔬菜、含优质蛋白质的食物三大类。其中，主食品种越丰富越好，不要餐餐只是大米白面，还要有糙米、大麦、燕麦、小米、玉米等粗杂粮，以及土豆、红薯等薯类，如果能加入各种豆类就更好了。蔬菜要每餐都有，总量要达到煮熟的菜满满一碗（3.3 寸碗）才够。含优质蛋白质的食物则每餐最少有一种，比如，瘦肉、蛋、奶、水产品或大豆制品等。

学龄前儿童每日各类食物建议摄图量

建议	食物类别
平均每天 250～400 克（每餐 75～160 克），其中全谷类 75～150 克（每餐 15～60 克），薯类适量	谷薯类
吃不同种类的蔬菜，平均每天 100～300 克（每餐 100～200 克）。每天吃 5 种以上。新鲜深色叶菜占到一半	蔬菜类
多吃新鲜水果，平均每天 100～250 克（每餐 70～150 克）。果汁不能代替鲜果	水果类
动物性食物平均每天 50～75 克（每餐 15～25 克），优选鱼和禽，吃多种豆制品	鱼、禽、畜、蛋和豆类
选择多种乳制品，平均每天 350～500 克鲜奶量（每餐 100～120 克）	奶 类

这是适用于 2 ～ 5 岁儿童的一餐中 4 类食物组成比例，分别是谷薯类、蛋白质类（包括动物性食物和大豆）、蔬菜、水果，由上可以看出牛奶对人体健康的重要性。不同年龄段的食物摄入量不同，可适当进行调整。

掌握进食黄金法则，吃饭香、身体棒

规律就餐，自主进食不挑食，培养良好的饮食习惯

学龄前儿童的合理营养应由多种食物构成的平衡膳食来提供，规律就餐是儿童获得全面、足量的食物摄入和良好消化吸收的保障。

此时期，儿童神经、心理发育迅速，自我意识、模仿力、好奇心增强，易出现进食不够专注的现象。因此，要注意引导儿童自主、有规律地进餐，保证每天不少于三次正餐和两次加餐，不随意改变进餐时间、环境和进食量；注意培养儿童摄入多样化食物的良好饮食习惯，纠正挑食、偏食等不良饮食行为。

合理安排学龄前儿童膳食

学龄前儿童每天应安排早、中、晚三次正餐，在此基础上还至少应有两次加餐。

1. 加餐时间

一般安排在上午、下午各一次，晚餐时间比较早时，可在睡前 2 小时安排一次加餐。

2. 加餐食物

以奶类、水果为主，配以少量松软面点，晚间加餐不宜安排甜食，以预防龋齿。

儿童膳食特点：

1. 两顿正餐之间应间隔 4～5 小时。

2. 加餐与正餐之间应间隔 1.5～2 小时。

3. 加餐分量宜少，以免影响正餐进食量。

4. 根据季节和饮食习惯更换和搭配食谱。

引导儿童规律就餐、专注进食

由于学龄前儿童注意力不易集中，易受环境影响，如进食时玩玩具、看电视、做游戏等都会降低其对食物的关注度，从而影响进食和营养的摄入。

1. 尽可能给儿童提供固定的就餐座位，定时定量进餐。

2. 避免追着喂、边吃边玩、边吃边看电视等行为。

3. 吃饭细嚼慢咽但不拖延，最好在 30 分钟内吃完饭。

4. 让孩子自己使用筷、匙进食，养成自主进食的习惯，既能增加儿童进食兴趣，又能培养其自信心和独立能力。

避免儿童挑食、偏食

学龄前儿童仍处于培养良好饮食行为和习惯的关键阶段，挑食、偏食是常见的不良饮食习惯。由于儿童自主性的萌发，对食物可能表现出不同的喜好，从而出现一时性偏食和挑食。此时，需要家长或看护人适时、正确地进行引导和纠正，以免形成挑食、偏食的不良习惯。

家长良好的饮食行为对儿童具有重要影响，建议家长以身作则、言传身教，并与儿童一起进食，起到良好的榜样作用，帮助儿童从小养成不挑食、不偏食的良好习惯。

应鼓励儿童选择多种食物，引导其多选择健康食物。对于儿童不喜欢吃的食物，可通过变换烹调方法、盛放容器或采用重复小分量供应的方法，鼓励尝试并及时给予表扬，不可强迫喂食。

通过增加儿童身体活动量，尤其是选择儿童喜欢的运动或游戏项目，能使其肌肉得到充分锻炼，增加热量消耗，增进食欲，提高进食能力。此外，家长应避免以食物作为奖励或惩罚的措施。

每天饮奶，足量饮水，正确选择零食

儿童摄入充足的钙对骨量积累、骨骼生长发育有促进作用，还可以预防成年后骨质疏松。

培养和巩固儿童饮奶习惯

我国 2～3 岁儿童的膳食钙每天推荐量为 600 毫克，4～5 岁儿童为 800 毫克。奶及奶制品中钙含量丰富且吸收率高，是儿童钙的最佳来源。目前，我国儿童钙摄入量普遍偏低，对于快速生长发育的儿童，应鼓励多饮奶，建议每天饮奶 300～400 毫升或相当量的奶制品，可保证学龄前儿童钙摄入量达到适宜水平。

家长应以身作则常饮奶，鼓励和督促孩子每天饮奶，选择和提供儿童喜爱和适宜的奶制品，逐渐养成每天饮奶的习惯。

如果儿童饮奶后出现胃肠不适（如腹胀、腹泻、腹痛等），则可能与乳糖不耐受有关，可采取以下方法解决：

1. 少量多次饮奶或将奶换成酸奶。

2. 饮奶前进食一定量的主食，避免空腹饮奶。

3. 换成无乳糖奶或饮奶时加入乳糖酶。

培养儿童喝白开水的习惯

建议学龄前儿童每天饮水600～800毫升，而且，应以白开水为主，避免饮含糖饮料。儿童胃容量小，每天应少量多次饮水（上午、下午各2～3次），晚饭后根据具体情况而定。不宜在进餐前大量饮水，以免增加胃容量，冲淡胃酸，影响食欲和消化。

家长应以身作则养成良好的饮水习惯，并告知儿童喝含糖饮料对健康的危害。同时，家中常备新鲜的凉开水，提醒孩子定时饮用，家长尽量不购买可乐、果汁等饮料，以避免将含糖饮料作为零食提供给儿童。由于含糖饮料对儿童有着较大的诱惑，许多儿童容易形成对含糖饮料的嗜爱，因此需要家长给予正确的引导。

家庭自制的豆浆、果汁等天然饮品可适当选择，但饮后需及时漱口或刷牙，以保持口腔卫生。

正确选择零食

零食是学龄前儿童全天膳食营养的补充，是儿童饮食中的重要内容，零食应尽可能与加餐相结合，以不影响正餐为前提。

选择零食需注意：

1. 宜选择新鲜、天然、易消化的食物，如奶制品、水果、蔬菜、坚果和豆类食物。

2. 少选油炸食品和膨化食品。

3. 零食最好安排在两次正餐之间，量不宜多，睡前30分钟不要吃零食。

4. 吃零食前要洗手，吃完要漱口。

5. 注意零食的食用安全，避免整粒的豆类、坚果类食物呛入气管发生意外，建议将坚果和豆类食物磨成粉或打成糊食用。对于年龄较大的儿童，可引导儿童认识食品和标签，学会辨识食品生产日期和保质期。

培养儿童清淡口味，形成终生健康饮食习惯

在烹调方式上，宜采用蒸、煮、炖、煨等烹饪方式，尽量少用油炸、烤、煎等烹饪方式。对于 3 岁以下幼儿膳食应专门单独制作，并选用适合的烹调方式和加工方法，应将食物切碎煮烂，易于幼儿咀嚼、吞咽和消化，特别注意要完全去除皮、骨、刺、核等；大豆、花生等坚果类食物，应先磨碎，制成泥、糊、浆等状态进食。

膳食制作注意点

- 在为学龄前儿童烹调加工食物时，应尽可能保持食物的原汁原味，让儿童首先品尝和接纳各种食物的天然味道
- 口味以清淡为好，不宜过咸、油腻和辛辣，尽可能不用味精或鸡精、色素、糖精等调味品
- 每人每次正餐调和油用量不多于 2 茶匙（10 毫升），可选择常温下为液态的植物油，应少选饱和脂肪酸较多的油脂
- 可选天然、新鲜香料（如葱、蒜、洋葱、柠檬、醋、香草等）和新鲜蔬果汁（如番茄汁、南瓜汁、菠菜汁等）进行调味
- 长期过量食用钠盐会增加高血压、心脏病等慢性疾病的患病风险，为儿童烹调食物时，应控制食盐用量，还应少选含盐量高的腌制品或调味品

胃容量小，吃不多，样样都吃才是王道

每天怎样吃够 12 种以上食物

家长担心孩子吃多了会撑，引起肠胃不适；吃少了又怕孩子饿，甚至影响生长发育。面对两难的境遇，可能会让很多家长开始畏首畏尾，索性不考虑孩子的胃口，把量定死，其实没有必要这样。

有研究显示：孩子在各餐之间的食物摄入量误差可以达到 40%，但在每天之间的摄入量误差却小于 10%。

也就是说，孩子自身能灵活调节 24 小时内的食物摄入量，一顿饭稍微吃得多点或少点并不会影响什么，只要能够保证一天的总摄入量就行。

那孩子到底一天吃多少才合理？请看下表：

3～5 岁孩子各类食物摄入量

食物种类	3 岁	4～5 岁
奶类 / 克	350～500	350～500
大豆（适当加工）/ 克	5～15	15～20

续　表

食物种类	3 岁	4~5 岁
坚果（适当加工）/ 克	—	适量
鸡蛋 / 个	1	1
畜肉禽鱼 / 克	50~70	50~75
蔬菜 / 克	100~200	150~300
水果 / 克	100~200	150~250
谷类 / 克	75~125	100~150
薯类 / 克	适　量	适　量
水 / 毫升	600~700	700~800

注：以上数据来源于《中国居民膳食指南（2022）》。

家长只要记住孩子每天各类食物需要摄入的量，大概分配至三餐和加餐中即可。

餐　别	食物种类	搭配建议			
		谷薯类	蔬菜类	水果类	鱼肉蛋豆奶类
早　餐	4~5 种	1	1	1	2
午　餐	5~6 种	1~2	1~2	1	2
晚　餐	4~5 种	1	1	1	1
加　餐	1~2 种			1	1
合　计	≥ 12 种	3~4	3~4	1	≥ 5

注：以上数据来源于《中国居民膳食指南（2022）》。

巧搭配、常换样，营养均衡病不扰

不同的食物营养各有特点，吃得多种多样才能得到全面的营养，这也是平衡膳食营养的基本要求。也就是说，食材要巧搭配、常换样。再好的食物也不能总吃一种。比如，鸡肉虽富含优质蛋白质、脂肪含量低，热量也低，但是，不饱和脂肪酸、铁元素含量不高，所以要和鱼肉、牛羊肉、猪瘦肉等交替来吃。再比如，菠菜属于高膳食纤维、高叶绿素食物，也不能每天都吃，要搭配其他蔬菜，如芹菜、白菜、白萝卜、茄子、芦笋等。

以一日主食为例

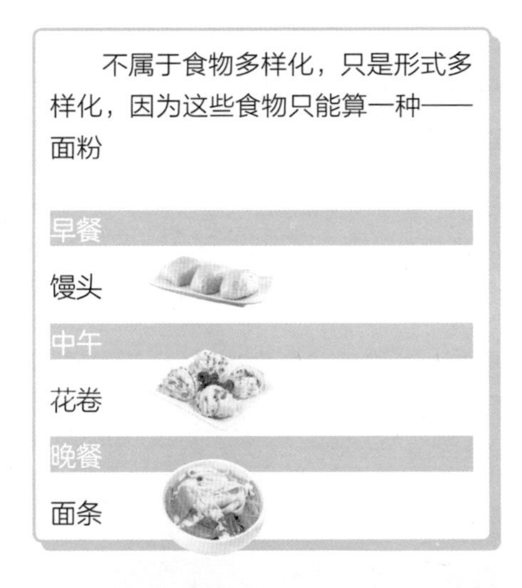

把分量变小点儿，让种类变多些

这里所说的食物多样化，是在总热量不变的情况下，种类越多越好，而不是主张多吃。小分量就是实现食物多样化的一个好办法，同样一顿饭，每道菜的分量少一点儿，多吃几样，就能吃进更多的种类了。

多与家人一起用餐：一个人可能只吃两道菜，全家人就可以吃好几道菜。在餐厅就餐时，尽量选择分量较小的菜肴，多点几种。把分量变小不仅能吃得种类更多，还能有效控制进食量，避免肥胖。吃零食的时候，也要尽量选择小包装的。

提高营养密度，长高益智更有效

健康的饮食强调的是均衡，是多种食物共同合作，从而构建一个健康的饮食结构。不要妖魔化任何一种食物，也没有任何一种食物能够满足人体所需的全部营养，科学的搭配能让食物之间取长补短。当然，这不等于说食物没有好坏之分，有的食物有益健康的成分比较多，可以预防某些疾病；有的食物不利于健康的成分比较多，经常食用可能引发某些疾病，因此，在选择上要尽量选择“好食物”，“好食物”其实就是指营养密度高的食物。

营养密度

营养密度是指单位热量的食物中所含某种营养素的浓度，也就是说，一口咬下去，能获得更多有益成分的，就是营养密度高的食物；相反，一口咬下去，吃到的是较高的热量、较多的油脂，就是营养密度低的食物。

营养密度高的食物 增强人体抵御疾病的能力	营养密度低的食物 导致儿童肥胖、营养不良等
新鲜蔬菜 新鲜水果 粗粮、杂豆、薯类 鱼虾类食物 瘦肉、禽肉 奶及奶制品 大豆及豆制品	**高糖高添加剂食物**：方便面、起酥面包、蛋黄派、油条等 **高盐食物**：咸菜、榨菜、腐乳等 **高脂肪食物**：肥肉、猪皮、猪油、奶油、棕榈油、鱼子等，以及炸鸡翅、炸薯条、油条等油炸食物 **饮料**：碳酸饮料、含糖饮料等

三个营养公式，吃出“金刚娃”

主食类

高营养密度代表成员：玉米、高粱米、黑米、燕麦等。

营养计算公式：粗粮 > 细粮

粗粮避免了加工过程中的营养成分流失，因此，营养密度相对会更高一些。但对于肠胃消化功能不健全的小月龄宝宝来说，全粗粮是不小的饮食负担，所以粗细混搭是不错的选择哦！

刚刚添加辅食时，可以先从白米开始，之后再逐步过渡到糙米、多谷物米粉。

但要注意，孩子的消化功能相对比较弱，而且粗粮中膳食纤维含量高，过多摄入会影响矿物质的吸收，所以建议粗粮占比不要超过主食的 1/5。

蔬果类

高营养密度代表成员：西蓝花、菠菜、小油菜、蓝莓、猕猴桃等。

营养计算公式：固体食物 > 液态食物

流质食物虽然容易被吸收，但由于加工时间长，所含营养素大量流失，不如直接吃西蓝花、猕猴桃等固体食物营养丰富。而且固体食物还能锻炼宝宝的咀嚼能力，益处多多。

肉类

高营养密度代表成员：三文鱼、鳕鱼、猪肝、鸡肉、牛肉等。

营养计算公式：红肉 > 肥肉

烹饪时尽量避免使用过多调味料，特别是糖和盐的摄入。一岁内的宝宝食物不用额外调味，尽量保持食物的原汁原味。猪肝每周建议摄入频次不超过两次，每次 30 克即可。

提高营养密度的三餐吃法推荐

午餐食谱

选择 1　三文鱼、西蓝花、芥蓝，都是高营养密度的食物。

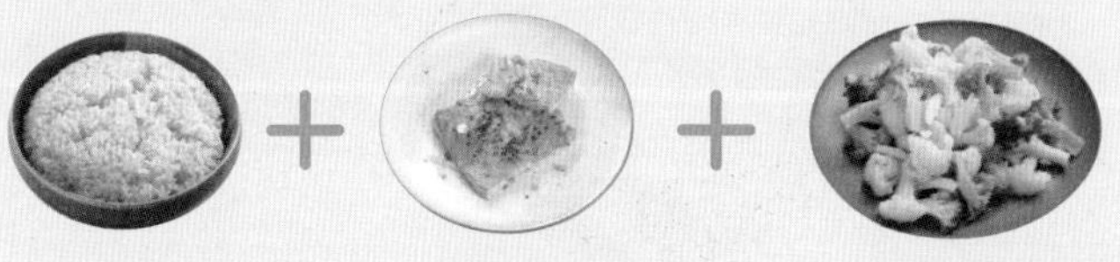

二米饭　　香煎三文鱼　　清炒双花

什锦虾仁炒饭

巴沙鱼什锦饭

炒饭中加入蔬菜、牛肉或者虾仁，让宝宝吃的每一口都是营养。

加 餐

一杯酸奶，适量杏仁或其他坚果。

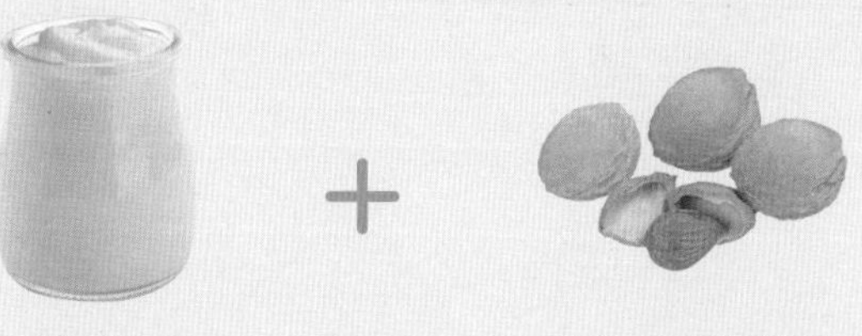

酸　奶　　杏仁或其他坚果

晚餐食谱

选择 1 海鲜、蔬菜、面条，一碗搞定所有营养。

菌菇蛤蜊面

选择 2 杂粮饭搭配鱼蛋奶、蔬菜，也是心机搭配。

黑米藜麦饭 + 清蒸鲈鱼

紫菜包饭 + 番茄炒鸡蛋

孩子干吃不长，难道正被“隐形饥饿”折磨

怎样判断营养是否缺乏？快记住这些信号

身体缺不缺营养，这是很多人关心却不容易判断的问题，其实，身体会有意无意向我们发出种种营养缺乏的信号，提醒我们以迅速找出应对之策。对于孩子来说，往往不能正确表达身体的真实感受，这时就需要家长的细心观察。

信号

头发干燥、变细、易断、脱发

营养缺乏　蛋白质、必需脂肪酸、微量元素锌

对　策　每日保证主食的摄入，以最经济的手段为机体提供足够的热量；每日保证 3 两瘦肉、1 个鸡蛋、250 毫升牛奶，以补充优质蛋白质，同时，可增加必需脂肪酸的摄入；每周摄入 2～3 次海鱼，并可多吃些牡蛎，以增加微量元素锌。

信号

经常出现舌炎、舌裂、舌水肿

营养缺乏　B 族维生素

对　策　洗米、蒸饭等可造成 B 族维生素的大量流失。长期进食精细米面，长期吃素食，同时，又没有其他的补充，很容易造成 B 族维生素的缺失。

为此，应做到主食粗细搭配、荤素搭配。如果有吃素的习惯，应注意进食豆类制品和蛋类制品，并每日补充一定量的复合 B 族维生素药物制剂。

信号

夜晚视力降低

营养缺乏 维生素 A

对 策 增加胡萝卜和猪肝等食物的摄入。两者分别以植物食品和动物食品的形式提供维生素 A，后者吸收效率更高。应注意的是，维生素 A 是溶解于油脂而不溶解于水的维生素，因此，用植物油烹炒胡萝卜比生吃胡萝卜，维生素 A 的吸收率更高（植物油有油脂作为维生素 A 吸收的载体）。猪肝含有较高的饱和脂肪和胆固醇，不宜大量进食，以每周吃 1～2 次，每次不超过 150 克为宜。

信号

牙龈出血

营养缺乏 维生素 C

对 策 维生素 C 是最容易缺乏的维生素，因为它对生存条件的要求较为苛刻，光线、温度、储存和烹调方法都会造成维生素 C 的破坏或流失。因此，每日均应大量进食新鲜蔬菜和水果，最好能摄入 1 斤左右的蔬菜和 2～3 个水果（如 2～3 个苹果或 2 块西瓜等）。其中，蔬菜的烹调方法以热炒和凉拌结合为好。富含维生素 C 的蔬菜包括豌豆苗、韭菜、油菜、青椒等；富含维生素 C 的水果包括柑橘、草莓、鲜橙、番茄等。

信号

吃东西没味道，存在味觉减退

营养缺乏 锌

对 策 适量增加贝类食物，如牡蛎、扇贝等，是补充微量元素锌的有效手段。另外，每日 1 个鸡蛋、150 克红色肉类和 50 克豆类也是补充微量元素锌所必需的。

宝宝的营养摄入与吸收规律

好营养≠好吸收，营养吸收代谢是关键

父母每天都铆足了劲儿想给宝宝最好的，但是，宝宝的身体却像是“接收信号”不佳一样，什么好营养都难以吸收。

比如，为了给宝宝补充营养，全网挑食材、查成分、买原料、精心搭配。但哪怕使出浑身解数，宝宝的状况还是令人感到焦心：长不高、体重轻、身体频频出状况……这令许多妈妈在深夜为此难以安睡。

先搞清楚，宝宝为什么消化吸收差

消化系统还不健全

婴幼儿时期，宝宝的消化器官发育还不完善，肠道壁薄而脆弱，肠液中各种酶的含量也较成年人少许多，消化吸收能力差，特别容易出现肠道健康问题。

这时候，如果家长过早地给宝宝添加质地较粗、较硬的辅食，会增加宝宝的肠胃负担，使宝宝出现胀肚、吐奶、大便稀且有酸臭味等消化不良的症状。

最好根据宝宝月龄变化添加合适的辅食，质地遵循由细到粗、由稀到稠的原则。

气候的影响，出现肠应激反应

有些细心的妈妈可能会发现，阴晴不定的天气，特别是突然降温，宝宝可能会出现食欲变差，甚至还伴有腹泻的症状。

这是因为宝宝腹部受凉使肠胃蠕动异常，产生了肠应激反应；同样，由于天气过热易感到口渴，宝宝喝奶、喝水过多，或贪吃冰冷食物，都可能导致消化功能紊乱。

饮食不当，盲目加餐

有种饿叫妈妈觉得你饿，很多时候，妈妈都是根据自己认为的“食量”来喂宝宝，尽可能地让宝宝多吃。但是，过度喂食很可能会导致宝宝消化不良，加重消化系统的负担，引起呕吐、腹胀等症状。

另外，单一的饮食结构也会导致宝宝偏食、厌食等，从而出现营养不良的情况。严重时，还会导致宝宝生长发育缓慢、免疫力低下。

要想让宝宝健康成长，不仅要注意营养的摄入，还要关注宝宝肠道对营养物质的消化吸收能力。

怎样提高营养素吸收率

营养素	功效
钙	钙是我们最熟悉的营养素，建议在晚饭后临睡前服用，不仅可以促进睡眠，而且还有利于宝宝长个子，晚上 10 点到次日凌晨 2 点也是生长激素分泌最旺盛的时候。 另外，在补钙的同时吃鱼肝油可以帮助促进钙吸收
水苏糖	水苏糖是最好的益生元，益生元是可以理解为益生菌的食物，能够促进益生菌群的增殖，保护肠道，帮助排毒排铅。建议温水随餐服用

续 表

营养素	功 效
鱼肝油	钙与鱼肝油可以说是“黄金搭档”。 鱼肝油最好的服用时间是在早饭后半小时，鱼肝油是油脂类的，放在早上 9：00～10：00 比较好消化吸收，如果空腹给宝宝吃，有的宝宝可能会出现拉肚子的情况。 妈妈会问为什么不能晚上和钙一起吃? 晚上和钙一起吃不利于鱼肝油的消化吸收。 那么，如何给宝宝吃鱼肝油? 就是剪开鱼肝油后顺着宝宝的嘴角滴进去
锌	锌在什么时候吃比较好? 建议在早饭后或者早饭前吃，锌会比较好吸收。 锌是比较好补充的一款营养素，也是比较容易流失的，尤其是在天气比较炎热的季节，锌会随着我们的汗液、尿液流失，因此建议给宝宝适当补充锌
铁	铁相对来说是大家比较陌生的一款营养素，也是比较难补充的一种营养素，铁的补充至少要坚持 3 个月左右的时间，一般建议在午饭后补充铁。 在补铁的同时，可以吃些维生素 C，或者含维生素 C 比较丰富的水果和蔬菜，这些都是可以帮助铁吸收的，尤其是在补铁的同时补充维生素 C，可以使铁的吸收率提高 4 倍
DHA	DHA（二十二碳六烯酸）也是大家比较熟悉的一种营养素，俗称“脑黄金”，有助于大脑和视网膜的发育，在增强记忆力与思维能力、提高智力方面作用尤为显著。 建议在早饭后食用 DHA，不建议空腹食用 DHA，空腹食用可能会引起宝宝拉肚子
益生菌	益生菌也是大家比较熟悉的，便秘、消化不良的宝宝建议在餐前服用，腹泻宝宝建议在餐后服用; 如果宝宝生病在使用抗生素的情况下，要间隔两小时服用益生菌。服用益生菌的时候要用温水

营养素这样搭配，孩子吸收好、身体壮

钙＋维生素 D= 留住钙质，强健骨骼

众所周知，钙质是人体里构成骨骼及牙齿的重要成分，也是促进肌肉收缩、心脏跳动及血液凝固的营养素；而维生素 D 是调节体内平衡及帮助钙质吸收的营养素，对维持骨骼的健康很重要，所以搭配食用可以更好地留住钙质，强化骨骼，促进宝宝骨骼的健康成长。

	钙	维生素 D
对宝宝的好处	1. 钙是宝宝牙齿和骨骼正常生长、发育的基石之一，能够帮助维持心肌的正常收缩 2. 钙也有预防佝偻病的作用	1. 维生素 D 能提高机体对钙、磷的吸收，促进生长和骨骼钙化，促进牙齿健康 2. 预防佝偻病，促进宝宝的正常发育
最佳摄入量	0～6 个月：200～250 毫克 / 日 6～12 个月：250～600 毫克 / 日 1～3 岁：600 毫克 / 日 4～6 岁：800 毫克 / 日	1～6 岁：10 微克 / 日

补钙的明星食材推荐

虾 皮
牛 奶
猪 肝
豆制品
奶 酪
紫 菜
黑芝麻

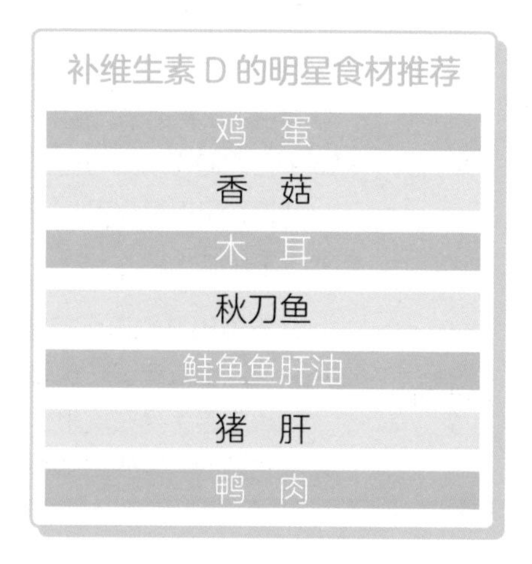
补维生素 D 的明星食材推荐

鸡 蛋
香 菇
木 耳
秋刀鱼
鲑鱼鱼肝油
猪 肝
鸭 肉

铁 + 维生素 C = 预防贫血，促进生长发育

铁是人体含量最高的微量元素，是造血的主要原料，对治疗并预防缺铁性贫血有明显的作用。维生素 C 又称抗坏血酸，是一种水溶性维生素。维生素 C 能够在体内参与多种反应，（如参与氧化还原过程），在生物氧化和还原作用以及细胞呼吸中起重要作用。在补充铁剂的同时补充一些维生素 C，可以使铁剂更好地被人体吸收和利用，有效预防贫血，让宝宝更健康地成长。

	铁	维生素 C
对宝宝的好处	1. 促进宝宝身体发育 2. 增强宝宝对疾病的抵抗力 3. 构成血红蛋白，预防因缺铁而引起的贫血 4. 促进 B 族维生素代谢	1. 能增强宝宝免疫系统的功能，帮助宝宝抵御病毒的侵袭 2. 维持宝宝的牙龈健康，强健血管，促进伤口愈合 3. 能够帮助宝宝有效吸收食物中的铁和钙
最佳摄入量	0～6 个月：0.3～10 毫克 / 日 7～12 个月：10 毫克 / 日 1～3 岁：9 毫克 / 日	0～6 个月：40 毫克 / 日 7～12 个月：40 毫克 / 日 1～3 岁：40 毫克 / 日

补铁明星食材推荐
猪 肉
猪 血
鱼 类
海 带
木 耳
猪 肝
黑芝麻
牛 肉

补维生素 C 明星食材推荐
樱 桃
番 茄
芥 蓝
山 楂
黄 瓜
白 菜
橙 子
猕猴桃

锌 + 蛋白质 = 促进发育，增强抵抗力

锌能够参与各种功能的有效运作以及参与对酶系统和细胞的维护。蛋白质是生命的物质基础，是构成细胞的基本有机物，是生命活动的主要承担者。锌是合成蛋白质的主要物质，在摄取蛋白质的时候适量补锌，能促进蛋白质的吸收，从而增强宝宝的抵抗力。

	锌	蛋白质
对宝宝的好处	1. 促进生长发育和思维敏捷 2. 消除指甲上的白色斑点 3. 加速宝宝体内和外部伤口的愈合	1. 构成和修补宝宝的身体组织，促进宝宝健康成长 2. 促进宝宝的新陈代谢 3. 增强身体的抵抗力 4. 供给热量，补充能量
最佳摄入量	0~6 个月：2~3.5 毫克 / 日 7~12 个月：4 毫克 / 日	0~6 个月：9 克 / 日 7~12 个月：20 克 / 日 1~3 岁：25~30 克 / 日

补锌的明星食材推荐

- 猪　肉
- 鸭　血
- 牛　肉
- 猪　肝
- 瓜子仁
- 虾
- 花　生

硒 + 维生素 E= 抗氧化，保护细胞

硒是人体必不可少的一种微量元素，它能与重金属结合，保护宝宝远离重金属和其他有毒、致癌物质的侵害。维生素 E 具有抗氧化功能，易溶于油脂，是人体不能合成的必需脂溶性维生素，是宝宝生理功能正常运作不可或缺的物质。硒和维生素 E 搭配食用，能促进硒吸收，从而提高宝宝的免疫力。

	硒	维生素 E
对宝宝的好处	1. 对缺少蛋白质引起的营养不良有辅治作用 2. 抗氧化，提高宝宝免疫力 3. 保护宝宝眼睛的细胞膜，起到保护视力和健全视觉器官的作用	1. 促进宝宝牙齿生长，有利于宝宝的骨骼发育和正常生长 2. 供给体内氧气，使机体更有耐久力，减轻机体疲劳 3. 保护红细胞健康，防止血液凝固，并预防贫血
最佳摄入量	0~6 个月：15~20 微克 / 日 7~12 个月：20 微克 / 日 1~3 岁：25 微克 / 日	0~3 岁：3~6 毫克 / 日

补硒的明星食材推荐
鸡　肝
豆制品
沙丁鱼
南瓜子
肉　类
奶　粉
菠　菜
水　果

补维生素 E 的明星食材推荐
平　菇
花　生
麦　胚
坚　果
蛋　类
奶　类
猪　肉
豆　类

镁 + 氨基酸 = 促进生长发育

镁是维持人体健康不可缺少的元素，是著名的抗紧张矿物质，和钙一同摄入对宝宝有镇静的作用，它还有助于增强肌肉力量。氨基酸是构成蛋白质的基本单位，赋予蛋白质特定的分子结构形态，使它的分子具有生化活性，提供大脑和骨骼必需的营养，提高智力，加速骨骼生长。镁和氨基酸搭配食用，能满足宝宝生长发育所需的热量，促进宝宝健康成长。

	镁	氨基酸
对宝宝的好处	1. 进一步提高钙的吸收率，从而促进骨骼发育、保护牙齿 2. 调节并抑制人体肌肉收缩及神经冲动 3. 镇静安神	1. 加速宝宝骨骼生长 2. 加快合成人体免疫球蛋白，提高免疫力，从而预防宝宝感冒、发热、咳嗽等多种疾病 3. 提高宝宝智力
最佳摄入量	1~3 岁：140 毫克 / 日	——

补镁的明星食材推荐
三文鱼
榛　子
杏　仁
石　榴
核　桃
黑　豆
芥　蓝
肉　类

补氨的基酸明星食材推荐
香　菜
香　蕉
玉　米
墨　鱼
鸡　肉
花　生
银　耳
豆　类

专题：孩子抵抗力差，罪魁祸首居然是糖

生活中，有一种是宝宝喜欢吃，而家长又常常忽视的东西，它可能导致宝宝营养不良，抵抗力变差，它就是“糖”。

分析一下，糖摄入过多的危害

- 导致营养不良

糖摄入过多，会影响宝宝正常的食欲，也会影响宝宝口味的喜好，让宝宝挑食、厌食，对口味清淡的食物失去兴趣，同时，日常所需营养摄入量会不足，进而将导致宝宝营养不良。

- 抵抗力变差

吃糖过多会消耗体内较多的营养物质，降低宝宝的抵抗力。宝宝体质变弱，自然容易生病。

- 导致甜食综合征

糖在体内氧化时，会产生乳酸等物质，摄入过多的糖，会导致这类物质增多，对中枢神经系统的活动产生影响，导致宝宝出现注意力不集中、情绪不稳定、爱哭闹、脾气大等表现。

所以，家长一定要控制宝宝对“糖”的摄入。

像糖果类、甜食类，很多家长都知道这些食物糖分过多，一般都会控制不让宝宝多吃。

但日常生活中的很多食物里，其实还含有“隐形糖”，这些“隐形糖”家长还很难分辨出来，稍不注意，宝宝就可能“中招”。

戒糖，从了解“控糖目标”开始

按照《中国居民膳食指南（2022）》的建议，糖的摄入不超过每天总热量的 10%，最好在 5% 以下。按 5% 的标准，大概是正常成年人每日不超过 25 克。

对于孩子，指南给出的推荐摄入量更低：

4~6 岁：每天不超过 15~20 克

7~11 岁：每天不超过 18~25 克

常见甜食含糖量和以上推荐量做对照，更利于“控糖”

一个中杯（以 250 毫升计）纯果汁的含糖量是 20 ~ 50 克（按含糖量 8%~20% 计）

一颗普通奶糖的含糖量大约是 5 克（按含糖量 80% 计）

一个冰激凌的含糖量大约是 15 克

一瓶乳酸菌乳品（100 毫升）的含糖量大约是 16 克

第二章

“小胖墩儿”“豆芽菜”根源都是营养失衡惹的祸

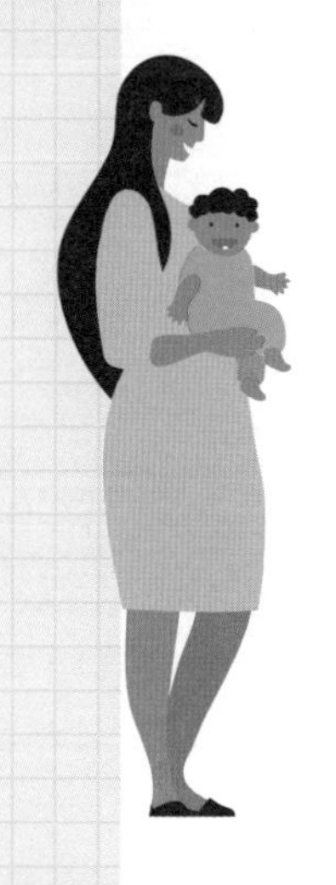

怎样科学判断孩子是偏胖还是偏瘦

认识“豆芽菜”与“小胖墩儿”形成的原因

现在“豆芽菜”和“小胖墩儿”随处可见，两极分化越来越严重，过度瘦弱和过度肥胖已经成为威胁孩子健康成长的两大营养问题。

什么是“豆芽菜”

“豆芽菜”体形是比喻其身体过分瘦高，四肢细长，头颅和其他部位的围径相比大得不合比例。由于身体瘦弱，身材失去比例，以及因肌肉力量不足而造成身体姿势不良。所以“豆芽菜”体形是一种不健康的标志，豆芽菜体形的孩子，身体抵抗力差，容易生病。

“豆芽菜”是怎样产生的

1. 饮食不规律，饥一顿、饱一顿，不按时吃饭或吃零食太多。
2. 夏天食用过多寒凉之物。
3. 微量元素缺乏，如缺锌、缺钙、缺铁等。
4. 孩子生病后，过量使用消炎镇痛类的西药，如阿司匹林、对乙酰氨基酚、红霉素等。

怎样让“豆芽菜”强壮起来

1. 营养均衡

合理搭配饮食，保证充足的营养。平时除食用含动物性蛋白质的肉、蛋类外，还应适当多吃豆制品及蔬菜、瓜果等。如果孩子过于瘦弱，可前往医院就诊，让医生进行体质辨识，根据孩子的身体情况，调理脾胃功能。

2. 睡眠充足

保持充足良好的睡眠。孩子的睡眠充足了，胃口就会好，而且也有利于对促进食物的消化和吸收。

3. 多锻炼

“豆芽菜”体形的孩子应多做扩胸、上臂提举等动作，以促进胸肌发达和胸廓的展开，比如游泳、打乒乓球、骑自行车、体操等以调整平衡性、敏捷性、柔软性和灵巧性等为主的运动，以及捉迷藏等游戏。

4. 慎防疾病

某些豆芽菜体形的孩子可能是由潜在的疾病引起的，如佝偻病、营养不良等。另外，蛔虫等肠道寄生虫，是比较常见的导致孩子成为豆芽菜体形的元凶之一，应在医生指导下服用驱虫药，及时驱虫。

“小胖墩儿”是怎样产生的

吃得好、动得少，是导致孩子成为“小胖墩儿”的直接原因。家长经常带孩子吃汉堡、炸鸡等高热量洋快餐，同时，对孩子成长至关重要的户外运动也渐渐被电视、电子游戏取代，使摄入的大量高热量、高脂肪食物无法被消化，从而转化为大量堆积的脂肪，最终造成肥胖。

“小胖墩儿”要“管好嘴，多动腿”

“管好嘴”就是要纠正孩子暴饮暴食、爱吃零食以及洋快餐等垃圾食品的不良习惯。家长给孩子做的食物应清淡少油腻，细软易消化，多用以水为传热介质的烹饪方式，如汤、羹等，少用煎、炸、烤等以油为介质的烹饪方式。还要保证孩子粗粮、细粮、谷类、豆类、蔬菜、水果、肉、蛋、鱼等各种营养均衡摄入，让孩子做到不挑食，不偏食。

“多动腿”就是要增加孩子的热量消耗，让孩子多进行户外运动，如游泳、散步、做体操、爬山等，充分消耗游离脂肪酸。

正确处理饮食调整和体育活动的关系，保证合理的运动时间和运动强度，并且一定要坚持下去。盲目地控制饮食和体育运动，不但达不到预防肥胖的目的，反而会对孩子的生长发育造成损害。

虽然“豆芽菜”与“小胖墩儿”在形式上看起来是两个相反的极端，但它们产生的原因却有很多相同之处，比如，膳食结构不合理、偏食、挑食、吃零食过多、营养不全面、不平衡，缺乏锻炼等，都是“豆芽菜”和“小胖墩儿”的主要成因，所以家长应该抽出更多时间、精力用于关心自家的“豆芽菜”和“小胖墩儿”。

偏胖还是偏瘦，计算一下就知道

年　龄	标准体重（千克）
0～6个月	体重（千克）= 出生体重 + 月龄 ×0.7
7～12个月	体重（千克）= 出生体重 +4.2+（月龄 −6）×0.25
1～2岁(不含2岁)	体重（千克）=1岁体重 +（月龄 −12）×0.25
2岁及以上	体重（千克）= 年龄 ×2+7（或8）

这个公式只是参考，更靠谱、更推荐的还是看孩子的生长曲线（见附录0～7岁儿童生长曲线图）。

只要孩子的生长曲线在3%～97%（两条黑色曲线中间范围），并且是遵循自身生长发育规律增长的，家长就不需要过度担心。

但是，当孩子的生长曲线降至3%（附录生长曲线图中下方黑线）以下，就可能是生长发育出了问题。另外，若孩子在某一阶段的生长曲线出现大幅度下降，真的偏瘦了，就有可能是生长发育出了问题！家长要多留心，看看自家孩子属于哪种情况。

第 1 步 计算宝宝的标准体重

妈妈可以根据图表中的计算公式，结合宝宝的年龄来算一算。

比如，如果是 8 个月的宝宝，出生时体重 3 千克，那么，他的标准体重应该是：出生体重（3 千克）+6×0.7+（月龄 8−6）×0.25=7.7 千克。如果宝宝 2 岁，那么，他的标准体重应该是：年龄（2）×2+8=12 千克。

当然，这只是一个简单计算公式，个体差异、性别差异等原因，也会使宝宝的体重有一定幅度的变化。但通过这个简单公式，可以对宝宝的标准体重做出基本的判断。

第 2 步 计算宝宝的体重指数

体重指数 = 实际体重（千克）÷ 标准体重（千克）

比如，宝宝的实际体重是 5 千克，标准体重是 4 千克，这个宝宝的体重指数就是 5÷4=1.25。

查看宝宝是否超重

- 体重指数达到 1.2，属于肥胖宝宝
- 体重指数在 1.2～1.3，属于轻度肥胖
- 体重指数在 1.3～1.5，属于中度肥胖
- 体重指数超过 1.5 以上，属于重度肥胖

举例说明

宝宝一岁半

实际体重是 14.8 千克

标准体重 =1.5×2+8=11 千克

体重指数 =14.8（实际体重）÷11（标准体重）=1.34

结果说明，这个宝宝已经达到中度肥胖，提醒妈妈需要注意了。

长得胖≠养得好，孩子是热量过剩、营养不良

小时候胖可能会胖一生

研究表明：6个月左右的婴儿出现肥胖，成年后有14%的机会出现肥胖症；7岁的孩子出现肥胖，成年后有41%的机会出现肥胖症。而且，儿童期肥胖多为“脂肪细胞增多型肥胖”，相对于成年后的“脂肪细胞体积增大型肥胖”更难治疗。

通俗来讲就是：

小时候，脂肪细胞会随着身体发育而变多，这样即使长大后瘦了，但脂肪细胞数目并没有减少，很容易导致再次肥胖。

一般说米，人体脂肪细胞的增多遵循以下规律：

婴儿的时候，脂肪细胞会增加一些。

青春期前，脂肪细胞再增加一些。

等人老了，脂肪细胞可能还会增加一些。

所以，小时候肥胖，脂肪数量就会一直增加，如果增加太多，长大后随便一吃，每个脂肪细胞都会长大、膨胀，整个人就会胖得特别快。

小胖墩儿就不缺营养？别被表象迷惑了

为什么会有这么多超重、肥胖的儿童？很多人会说，这是因为“营养过剩”。其实恰恰相反，更准确地说，这些孩子是热量过剩，但营养不良。

热量过剩型营养不良

在大多数家长的思想里，小胖墩儿应该是“营养过剩”，不会出现缺少营养的情况。事实上，很多小胖墩儿是“热量过剩”，并非“营养过剩”。

营养过剩与热量过剩不是同等的概念，营养不良的胖子比比皆是。导致肥胖的原因很多，主要有以下几个方面：

1. 饮食

经常吃高热量食物，如油炸、烘焙食品，爱吃糖果、甜点等零食，喜欢喝含糖饮料，都容易使孩子体重增加。

2. 运动

运动不足或不锻炼的孩子更容易超重，比如摄入过多高热量的食物而消耗不够，经常窝在家里玩电脑、手机、看电视。户外活动少是形成肥胖的重要原因之一。

为这类热量过剩型营养不良的孩子做营养评估时，往往发现他们的蛋白质摄入不足，通常还存在着缺钙、缺铁等现象。

这是由于热量和油脂摄入过多，导致孩子体重增长过快，而矿物质等摄入不足，从而导致营养不均衡。

蛋白质缺乏型营养不良

蛋白质缺乏型营养不良又称夸希奥科（Kwashiorkor）病，是因蛋白质严重缺乏所导致的皮肤和毛发异常的营养不良综合征，是蛋白质营养不良相关疾病谱中的一型。

此病多发于6月龄至5岁婴幼儿及学龄前儿童，常合并生长迟滞、智力发育障碍、低蛋白血症等一系列病变。

主要表现：

1. 皮肤黏膜

儿童有特异性皮损，在摩擦和受压部位出现红斑，压之消退。

2. 黏膜损害

可见类似维生素 B_2 缺乏症的口角炎，以及眼干燥、唇炎、口腔炎、口腔溃疡、舌乳头萎缩，也可累及肛门和阴道。患儿指（趾）甲变薄、变软，有正常新甲生长时出现新旧甲分离。毛发干枯，无光泽。

3. 全身表现

患儿出现喂养困难，骨骼和智力发育迟缓。

梁医生有话说

儿童肥胖症是一种慢性代谢性疾病

由于肥胖是另一种意义的营养不良，肥胖儿童体内微量营养素不足，往往较正常体重儿童更易缺乏钙、维生素D等营养素，与免疫功能异常、心血管疾病、代谢性疾病、自身免疫性疾病、性早熟等也密切相关，还会增加成年后慢性疾病的患病风险。所以，儿童肥胖症带来的问题远比你想象的更严重，应尽早诊治，保证孩子健康成长。

蛋白质缺乏原因

1. 摄入不足：如“大头娃娃”，这些孩子喝的奶粉多是劣质奶粉，导致孩子蛋白质摄入不足。
2. 吸收障碍：部分孩子消化吸收有问题，比如，腹泻、发热、长期服用抗生素等都会影响孩子对营养的吸收。

颠覆认知，胖孩子该补钙铁锌

肥胖的孩子，更容易出现营养素缺乏，根据门诊数据显示，肥胖儿童钙、铁、锌等营养素缺乏的比例比正常儿童要高出 4%～6%。

看似营养达标，实则可能营养素缺乏

当膳食中缺钙时，人体会从骨钙中吸取钙以维持血钙的正常浓度，同时，细胞膜钙的通透性增加，细胞外钙进入细胞内，导致细胞内尤其是脂肪细胞内钙浓度增高，从而抑制脂肪分解和促进脂肪合成，使人发胖。

而在相同的光照条件下，肥胖儿童皮肤合成的维生素 D 生物利用度较非肥胖儿童降低，而维生素 D 又是促进钙吸收的关键，所以对于肥胖儿童来说，会进入缺钙的恶性循环中。

此外，缺铁也可能是导致孩子肥胖的原因之一。铁缺乏可产生活性氧等加剧氧化应激反应，影响细胞对脂肪的调控，导致大量脂肪囤积，进而引发肥胖。而肥胖也会加重孩子缺铁，研究显示，肥胖儿童中患铁缺乏症的概率较体重正常儿童高。

除了缺钙和缺铁，缺锌同样会导致孩子肥胖。缺锌可通过促进钙依赖性核酸内切酶的活性，使 DNA 片段化程度增加，影响与代谢相关基因的表达，导致孩子肥胖。

营养素缺乏，肠道可能是根源

说到肠道和营养素，很多人都觉得它们沾不上边，其实肠道中的菌群与营养物质的生物活性及代谢过程息息相关。

肠道菌群中的有益菌对钙的吸收有正向作用。有益菌群分解食物中的纤维产生的短链脂肪酸，可降低肠道的 pH 值，减少肠道钙离子与磷形成复合物的机会，促进钙吸收。而且短链脂肪酸中的丁酸盐可为肠黏膜上皮细胞提供能量，增大吸收面积，有利于钙吸收。

肠道中的双歧杆菌也会影响营养素的吸收。双歧杆菌在肠道内发酵后，可产生乳酸和醋酸，促使肠道 pH 值下降，低 pH 值及低氧化还原电位能提高钙、磷、铁的利用率，促进钙、铁和维生素 D 的吸收。

除此以外，肠道中的益生元也能促进矿物质的吸收。研究发现，通过补充低聚果糖（FOS）可增加对钙、镁的吸收，促进股骨中钙的含量增加。低聚半乳糖（GOS）的摄入不仅能有效促进肠道对钙的吸收，还可以降低肠道对钠的吸收，同时，提高钾的吸收率。

据统计，我国超 38% 的儿童经常被肠道问题侵扰，大多数发生肠道问题的儿童同时伴有肠道菌群失调的现象。

远离儿童肥胖，从补充钙铁锌开始

不同月龄宝宝钙铁锌补充有侧重，要想知道宝宝钙铁锌怎么补，首先，要了解 0～3 岁宝宝的钙铁锌推荐摄入量。

0～3 岁宝宝钙铁锌推荐摄入量

月 龄	钙（毫克 / 天）	铁（毫克 / 天）	锌（毫克 / 天）
0～6 月龄	200~250	0.3~10	2~3.5
6～12 月龄	250	10	3.5
1～3 岁	600	9	4

注：以上数据来源于《中国居民膳食指南（2022）》343 页。

由上表可见，不同月龄阶段的宝宝对钙铁锌的需求不同，需要补充的营养素和剂量自然也不一样。因此，妈妈们在考虑给宝宝补充钙铁锌时，要根据宝宝所处的月龄阶段，有针对性地补充。

钙铁锌补剂这样选

对于需要补充钙、铁、锌的宝宝来说，补剂是不错的选择。为此从产品成分、剂型等方面，总结了一套钙、铁、锌补剂挑选的方法，以提供给不知道怎么选补剂的家长参考。

0～3 岁宝宝钙铁锌补剂挑选指南

营养素	补剂种类	剂　型
钙补剂	建议选择柠檬酸钙、乳酸钙、葡萄糖酸钙等有机钙和海藻钙，这些钙剂更温和，更利于宝宝消化吸收	建议选择易服用的液体剂型
铁补剂	建议选择二价有机铁，更好消化吸收	建议选择易服用的液体剂型
锌补剂	建议选择酵母锌和氨基酸螯合锌，吸收率相对更高	建议选择液体锌、胶囊锌，方便度更高

结合上述挑选指南，查找了目前市面上部分较为热门的钙、铁、锌补剂产品，供大家参考。

除此以外，培养孩子不挑食、不偏食的饮食习惯也很重要。当孩子出现腹胀等肠道问题时，家长要及时给孩子补充益生菌，尽快让孩子的肠道菌群恢复平衡。同时，还要保证孩子充足的睡眠和适量的运动，这样才能真正地让孩子营养均衡，远离肥胖。

均衡营养，让孩子减脂健康、安全又有效

1. 改变烹饪方式，以清蒸、水煮菜为主，减少红烧菜，拒绝油炸食品。

2. 每天进食足够的蔬菜及水果，尤其需要保证进食一定量的含粗纤维的绿色蔬菜，例如，韭菜、芹菜等，这些蔬菜不仅热量低、体积大，能增加饱腹感，还能促进肠蠕动，改善消化功能。

3. 蔬菜种类大于等于三种，蔬菜量 > 谷物量 > 水果量 > 荤菜量。

4. 食物进食顺序建议，先蔬菜、水果，其次谷物，最后荤菜。

5. 每顿进食量分次给予，有条件的分餐（最好每人一个盘子）。

6. 延长进食时间，鼓励咀嚼，家长帮助一起数数，每次数 20 次以上，每顿进食时间 >20 分钟。

7. 每天保证进食早餐，不吃早餐有许多危害，例如，容易导致低血糖。此外，不进食早餐会导致孩子在吃午餐前过度饥饿，这样午餐可能进食过多的热量，加重肥胖。

8. 家长尽量保证在家中吃饭，限制在外面餐馆的进餐次数，餐馆中的食物热量及脂肪含量较高，不利于身体健康，容易导致肥胖；如果无法避免在外进餐，则建议先将食物用水过一遍。

9. 选用脱脂奶，限制进食含糖量高的食物及饮料，尤其不要进食蛋糕、甜点，减少饮用含糖饮料，养成饮用白开水的习惯，过多的糖分容易转变为脂肪在体内蓄积，从而引起肥胖。

10. 进食适当热量的食物，合理的减重食谱应在膳食营养素平衡的基础上减少每日摄入的总热量；既要满足人体对营养素的需要，又要使热量的摄入低于机体的热量消耗，让身体中的一部分脂肪氧化以供机体热量消耗所需。因此，控制食欲，每餐吃到七分饱最好。

带着孩子瘦下来，夯实一生健康基础

值得庆幸的是，一些研究发现：如果孩子能够在成年之前及时瘦下来，那么，肥胖造成的身体危害就能减小。

医学顶刊《新英格兰医学杂志》上刊登了一篇长期跟踪六万多肥胖儿童的研究成果报道：如果在 7 岁时还超重或肥胖的孩子，能够在 13 岁前（也就是青春期前）瘦下来，那么，这样的孩子此后的 2 型糖尿病发病风险就能降到与那些从未肥胖过的孩子相似的水平了。

家有“小胖墩儿”，全家需总动员

孩子肥胖不只是孩子一个人的问题，而是全家的大事！整个家庭都需要行动起来，努力还给孩子一个健康的身体。

最关键的一件事是：请家长认真对待孩子的肥胖问题，和长辈亲友一起，改变孩子胖点好的错误观念。例如：不要再说孩子胖点更可爱；不要迁就孩子养成糟糕的饮食习惯；不要让孩子从小就承担这份沉重的“爱”。

除了改变观念外，全家人还应该从现在开始，监督孩子保持正常体重。

孩子日常需要注意的 5 件事

1. 每天吃够蔬菜和水果（相当于成年人 4~5 个拳头大小的量）。
2. 每天吃好一顿营养充足的早餐（包含谷薯、肉、蛋、奶、果蔬等）。
3. 不喝或者限量喝含糖饮料（包括碳酸饮料、运动饮料和果汁）。
4. 限制每天看屏幕的时间（两小时内）。
5. 每天要进行至少 1 个小时的运动。

如果一下子做到这些有困难，可以先尝试 1～2 个目标，再慢慢增加。

这些事家长要帮着做

1. 避免把大量不健康的食物带回家（包括薯片、饼干、糕点、饮料等）。
2. 确保孩子睡眠充足，3～5 岁儿童每天应睡 10～13 个小时。睡眠不足容易导致体重增加；临睡前不要让孩子看电视或玩电子产品。
3. 让整个家庭参与进来，包括全家人的饮食习惯、活动习惯，尝试全家人一起进行运动，比如，散步、打球等。
4. 给孩子树立正确的“减肥”观：目的是让孩子变得健康和强壮，吃健康的食物和足够的运动就是其中正确的方式。
5. 如果肥胖让孩子伤心、焦虑或者在学校处境困难，可以向医生求助。
6. 在减肥方面可以寻求专业人士（营养师）的帮助，给孩子制订食谱和运动计划。

减脂该吃多少的量

根据儿童、青少年不同的生长发育特点，可按照不同年龄阶段的减脂食物份数适量摄入。旨在帮孩子养成习惯，以便到饭点时孩子的脑子里就会马上浮现出：我要吃几份主食、几份菜、几份鱼肉蛋奶；接着，把主食、菜、鱼肉蛋奶分别盛到盘里、碗里就行了。

食物类别	7～11岁 每日需份数	11～14岁 每日需份数	14～17岁 每日需份数
谷薯类	4～6	6～9	11～12
蔬　菜	0.8～1	0.8～1	0.8～1
深色蔬菜	至少0.5		
水　果	0.5～1	0.5～1	0.5～1
禽畜肉类	1.5～1	1～2	1.5～2
蛋　类	1～2	1～2	1～2
水产品	0.5～1	1～2	0.5～2
乳　类	2～3	2～3	2～3
大　豆	0.5～1	1～2	0.5～2
坚　果	0.5～1	1	0.5～1

注：按普通人群EER的推荐水平进行计算，在此基础上减少300千卡，7～11岁(1050～1500千卡)，11～14岁(1500～1750千卡)，14～17岁(1750～2200千卡)。

健康减脂食谱推荐

由于每个人的年龄、身高体重、生理状况、性别差异，安排的食谱也会有所不同，下面提供的食谱仅供参考，家长可以在这个基础上根据孩子的自身情况进行增减，做到每餐吃饱但不吃撑。

6 岁孩子减肥食谱推荐

餐 次	食物名称	食物量（生重）
早 餐	玉米（鲜）	200 克 (1 根）
	脱脂牛奶	250 毫升（1 瓶）
	鸡 蛋	50 克 (1 个）
	圣女果	100 克（约 5～6 个）
	原味花生	10 克（约 10 粒）
午 餐	米 饭	大米 70 克
	清炒时蔬	200 克小青菜
	豆腐清蒸肉末	150 克豆腐，50 克瘦猪肉
	鲫鱼白萝卜汤	80 克鲫鱼，100 克白萝卜
加 餐	猕猴桃	100 克
	无糖酸奶	130 克 (1 瓶）
晚 餐	米 饭	大米 70 克
	清炒时蔬	200 克菠菜
	青瓜炒鸡胸肉	150 克青瓜、50 克鸡胸肉

进餐顺序改一改，情况大不同

不管是在家吃饭还是外出就餐，刚上桌的时候往往是最饿的时候，第一口先吃肉，容易吃进去大量的脂肪和蛋白质，而且这时食欲旺盛，进食速度快，若禁不住肉类的美味诱惑，很容易导致进食过量。等到吃得半饱开始关注蔬菜的时候，饥饿感已经大大缓解，对蔬菜的热情也没那么高了。而最后上场的主食很可能无人问津，就算能吃得下，也吃得很少。此时，如果再习惯性喝点汤，就又增加了油脂和盐的摄入。

1 水果

将水果作为正餐的一部分，在正餐之前先进食水果，可以减少总热量，还能促进水果中一些脂溶性维生素的吸收。

2 喝汤

正式进餐前先喝点汤，可以起到润滑肠道的作用。

3 蔬菜类菜肴和主食

蔬菜是每天应该进食最多的食物，能提供丰富的膳食纤维和维生素，还可以先把胃填个半饱，有助于减少肉类的摄入。

主食搭配蔬菜类一起吃，可以减缓餐后血糖升高的速度，主食推荐全谷类、杂豆类。

4 鱼、肉类菜肴

主食饱腹感最强，吃完主食再吃肉，不会导致肉类过量，又能补充身体所需的蛋白质。

纵观上述的不分食物种类和顺序进食饮食顺序，这种饮食顺序很容易导致脂肪和蛋白质摄入过多，糖类、维生素、膳食纤维摄入不足，长此以往，出现肥胖、血脂升高等问题在所难免。而同样是这些食物，调整一下进餐顺序就大不一样了。既能吃饱又不会进食过量；既保证了足够的膳食纤维、维生素等的摄入，又避免了油脂和蛋白质过量，还延缓了主食的消化速度，有效地减少了患肥胖、高脂血症、糖尿病等疾病的风险。

宝宝身高不长，体重不变，先从这两个方面找原因

低体重宝宝有两种情况

原因 1 摄入的食物不足

这种情况家长较容易发现，那就是“绝对进食量不足”。这种情况多见于一些比较挑食、偏食、厌食的宝宝，每顿饭吃得量都比较少，导致生长缓慢。

还有一种家长经常会忽略的情况，多发生在添加了辅食的宝宝身上，那就是“相对进食量不足”，也就是所谓的“假稠”。

一些家长会给宝宝做粥或烂面条，宝宝看似吃了一大碗，其实食物中有很多水分，真正吃下去的主食并不多。而宝宝需要主食中的糖类提供生长所需的热量，主食摄入不足，自然也就长得慢了。此外，不好的进食习惯也会变相降低宝宝的食量。例如，有些家长在喂宝宝吃饭的时候，没有帮他树立进餐的规矩，宝宝习惯了边玩边吃，注意力不在吃饭上，这也会导致宝宝对营养摄入量的不足。

原因 2 消化吸收不好

吃下的食物还要经过消化吸收才能被身体利用，因此，如果宝宝消化吸收不好，就算吃下去的食物量足够，生长情况也会不理想。

如果宝宝饭量不错，食物也没有假稠的问题，生长却仍然较为缓慢，就要检查他的消化吸收情况了。

判断宝宝的消化吸收情况是否正常，看大便的性状和次数就可以。如在宝宝的大便中能够辨认出之前吃下的食物残渣，比如，菜叶、饭粒等，

就说明宝宝消化这些食物时，发生了困难。对此，家长可以向宝宝示范如何嚼食物，帮助宝宝练习咀嚼能力。

此外，还可以将辅食加工得稍微细一点儿，以方便宝宝消化。不过，需要注意的是，随着宝宝年龄的增长和磨牙的萌出，辅食加工也应当越来越粗，以便更好地锻炼宝宝的咀嚼功能和消化功能。

还有一些生长状态不佳的宝宝，大便性状一切正常，但是排便量大，排便次数多，比起以前有明显的变化，这种情况通常意味着宝宝吸收功能不好。吸收不好往往是因为肠黏膜受损和肠道菌群失调，这种情况下，就需要带宝宝寻求医生的帮助，确定肠黏膜的状态，检查肠道菌群，再决定如何处理。

从营养角度为低体重宝宝增重的方法

增加奶制品的摄入

1 岁内的宝宝，可以引入少量酸奶、奶酪等作为点心；泡米糊时，普通米粉可用配方奶或母乳替代水（高蛋白营养米粉，用普通的水冲泡就可以）。

1 岁以上的宝宝，可以用全脂牛奶代替奶粉。

增加健康的高热量食物

如果宝宝开始吃辅食了，可以逐渐增加辅食的摄入量，提高辅食在全天食物摄入量中所占的比重。

对于不易过敏的各种食物，可以一次添加多种；对于容易过敏的食物（比如，营养标签通常备注的那些易过敏食物，以及家长也过敏的食物），可以每 3 天添加一种。另外，建议尽早添加含铁丰富的红肉，红肉的热量、蛋白质、铁、锌的含量都比较高。

给宝宝制作辅食的时候，可以用适量食用油来烹饪食物，或者在谷类食物、蔬菜中滴入少量植物油。

还可以利用蘸酱、撒料、涂抹、夹心等方式，把高热量食物混进宝宝的辅食里。

比如，在食物里加点奶酪，在水果里加一些酸奶，或者在面包和馒头上涂抹一些肉酱、蛋黄酱、坚果酱（花生酱、杏仁酱）、土豆泥等。

要注意避免给宝宝吃高热量的垃圾食品，一些食物虽然有极高的卡路里，但是高盐高糖，有大量添加剂，不具备身体需要的维生素和矿物质。

改变进餐顺序

一顿饭中，建议先让宝宝吃面粮类食物、肉类和蔬菜等，再吃水果、酸奶或其他点心。

如果一餐中既有固体食物（如馒头、肉饼、米饭等），又有液体食物（如汤、果汁、配方奶等），建议让宝宝先吃固体食物，再吃液体食物，因为固体食物的营养密度比液体食物高。

而且，汤汤水水、果汁的热量和营养密度比较低，建议尽量让宝宝少吃，尤其1岁内的小宝宝，不建议喝果汁。

固定吃饭时间

宝宝要有固定的吃饭时间，尽量让每天的吃饭时间保持一致，不要让宝宝因为玩而耽误吃饭。

在饭前1小时内和吃完饭后，尽量不要让宝宝吃零食。总是吃零食，容易让宝宝欠缺饥饿感，进而导致全天的食物摄入量减少。

增加吃饭频率

增加吃饭频率也可以帮助宝宝增加体重，具体参考频率如下：

0～4个月的小宝宝喂食频率比较高，通常每天8～12次；月龄较大的宝宝通常每天2～3小时进食1次，一天进食3次正餐和3次加餐。比如，早餐－上午加餐－午餐－下午加餐－晚餐，必要时，可以在睡前加餐，加餐可以是水果、酸奶、点心等。

微量元素消化吸收不好，孩子容易吃得少和挑食

既然是微量元素，说明它在人体内的存在量极少。一般来说，把低于人体体重 0.01% 的矿物质称为微量元素。人体每天对微量元素的需求量很少，但它们却是必不可少的。

比如，如果缺铁，对孩子健康的影响会非常严重，重度缺铁性贫血甚至会增加孩子的死亡率。一般性缺铁，会损害孩子的智力发育，使孩子易激动、表现淡漠，对周围事物缺乏兴趣，还会导致造成儿童、青少年注意力、学习能力、记忆力下降。铁缺乏的儿童，铅中毒的发生率比无铁缺乏的儿童高 3～4 倍。

如果缺钙，则会严重影响孩子的身体发育。由于婴幼儿正在快速生长，如果长期摄入钙过低并缺乏维生素 D，日晒少，就可能导致孩子生长发育迟缓、骨骼畸形、牙齿发育不良。而铁和钙，都是孩子膳食中最容易缺乏的营养素。

如果孩子嘴不壮、爱挑食，有没有可能是因为缺乏微量元素

是的，很有可能是缺锌。锌的主要生理功能就是促进生长发育，被誉为“生命之花”。缺锌会给孩子带来一系列的身体异常，影响正常生长，导致免疫力低下，而食欲降低，正是婴幼儿缺锌的早期表现之一。

为什么缺锌会让孩子没食欲

主要是因为唾液中味觉素的组成成分之一是锌，所以缺锌时，会影响味觉和食欲。缺锌影响味蕾的功能，使味觉功能减退。孩子对酸、甜、

苦、咸分辨不清，自然很难有食欲。另外，缺锌还会导致黏膜增生和角化不全，使大量脱落的上皮细胞堵塞味蕾小孔，食物难以接触到味蕾，致使味觉变得不敏感，造成食欲减退。

可见，假如缺锌，孩子的味觉会比健康儿童差，出现厌食的情况，是非常自然的。所以，当孩子不愿意吃饭的时候，要考虑有没有缺锌的可能。

缺锌最典型的表现有哪些

1 食欲减退如挑食、厌食、拒食，普遍食量减少，孩子没有饥饿感，不主动进食。

2 乱吃奇怪的东西。如咬指甲、衣物，啃玩具、硬物，吃头发、纸屑、生米、墙灰、泥土、沙石等。

3 生长发育缓慢，身高比同龄儿童低 3～6 厘米，体重轻 2～3 千克。

4 免疫力低下，经常感冒发热，反复呼吸道感染如扁桃体炎、支气管炎、肺炎、出虚汗、睡觉盗汗等。

5 指甲出现白斑，手指长倒刺，出现地图舌（舌头表面有不规则的红白相间图形）。

6 多动、反应慢、注意力不集中、学习能力差。

7 皮肤出现外伤时，伤口不容易愈合。

8 易患皮炎、顽固性湿疹。

以上这些情形如果有其中一项，就要考虑缺锌的可能性。如果有好几项都符合条件，那基本上就可以确定你的孩子缺锌了。

千万不要盲目补锌

不过，孩子到底缺不缺锌，还是要去医院做一个微量元素检查来确定一下，不要急着盲目补锌。

如果孩子真的缺锌很严重，需要在医生的指导下吃一些含锌的药，如葡萄糖酸锌。不过切记，一定要遵医嘱，不要过于相信广告宣传，擅自给孩子服用保健品。因为在补锌的同时，还需要考虑铁、锌、铜等各种矿物元素之间的相互平衡。乱补充锌剂，有可能造成铜缺乏，而使铁与锌之间的相互干扰更为明显，乱补锌很有可能造成孩子贫血。如果孩子缺锌不严重，可以通过食物补充。

一般来说，2 岁以下的婴幼儿最容易缺锌。这是因为 2 岁以下的婴幼儿生长迅速，对锌的需求相对较高，所以是锌缺乏的高危人群。因此，提倡母乳喂养，尤其初乳中含有大量的锌。人工喂养的宝宝需要按时添加猪瘦肉、牛肉等含锌丰富的辅助食品。

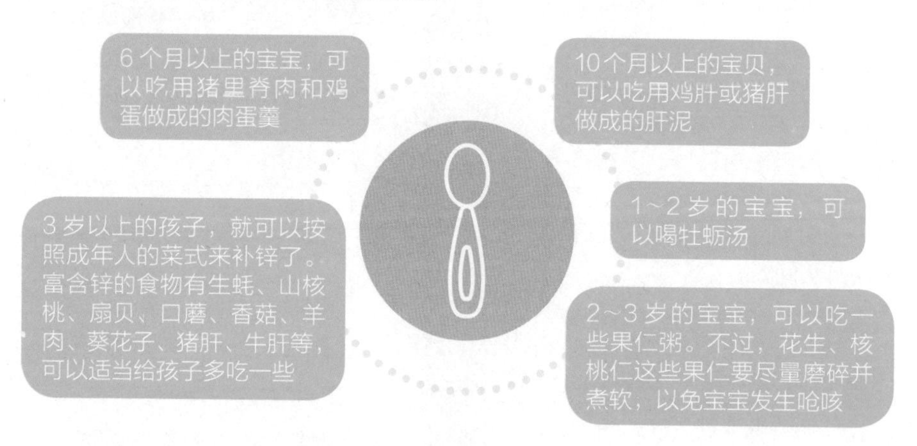

除了多吃含锌丰富的食物外，还要注意日常生活中的烹饪方式。因为在中国人传统膳食习惯中，菜品通常是用煎、炒、烹、炸等高温手段烹制的，而高温的烹制过程会导致菜品中很多营养物质流失，特别是锌的流失很大。所以，烹调食物时要控制好火候，以减少锌的流失。

另外，如果食物中的铁、钙、磷、铜等成分含量过高时，锌的吸收利用率就会降低。针对这种情况，要在日常饮食中保证食物多样化，力求达到平衡膳食，以提高锌的吸收利用率。

补了锌吸收不到位，怎样才是有效补锌

多吃贝类，多吃肉

含锌较高的食物里，贝类海鲜一马当先，生蚝、海蛎子、蛏子、扇贝、螺蛳……都可以不时地带孩子吃一顿。

补锌食物排行榜（每100克含量）

食物	含锌量
生蚝	71.2毫克
海蛎	47.05毫克
海蚌（鲜）	17.41毫克
扇贝	11.69毫克
螺蛳	10.27毫克

不过要注意，过细的加工过程，会导致大量的锌流失掉。比如，本来锌含量挺高的小麦，加工成精制面粉后，就会流失掉80%的锌。

还有，谷物和豆类中的植酸盐，也会妨碍锌的吸收。已经有很多以谷物为主、吃肉较少的国家，开始出现锌缺乏的现象了。

而锌又与免疫力息息相关，哪个当妈妈的不希望自己的孩子免疫力好一点儿，少生点病？所以，很多国家会给孩子提供强化锌的辅食。当然，也有一些妈妈，会选择给孩子直接买补剂。

锌剂补剂要买对

市面上的锌剂有很多种，一般分为无机锌（醋酸锌、硫酸锌、氧化锌）和有机锌（葡萄糖酸锌、乳清酸锌、柠檬酸锌）。

不同的锌作用有些细微差别，比如，氧化锌主要用于涂抹在局部皮肤上（很多物理防晒里就有氧化锌）。

而在吸收方面，有机锌普遍比无机锌要高一些，其中葡萄糖酸锌吸收比较靠前，柠檬酸锌吸收效果也不错，而且口味会比葡萄糖酸锌好一点儿。家长在选择的时候，可以优先挑选含有这两种有机锌的锌剂。

[原料] 葡萄糖酸锌，柠檬酸锌，醋酸视黄酯，维生素 D_3，维生素 B_1，维生素 B_2，盐酸吡哆醇，氰钴胺，叶酸，L-抗坏血酸钠，D-泛酸钙，D-α-醋酸生育酚

搭配 B 族维生素、维生素 A、高蛋白效果更好

就像钙有维生素 D 搭档一样，锌也有很多好搭档，B 族维生素（包括维生素 B_1、维生素 B_2、维生素 B_3、维生素 B_5、维生素 B_6 等）、维生素 A、蛋白质等，都能促进锌的吸收和消化。特别是维生素 B_6，可以促进小肠对锌的吸收。

此外，也有研究发现，锌缺乏可能与维生素 A 缺乏有关，而从肝脏中调动身体之前储存的维生素 A，也需要锌的帮助。

因此，在购买锌剂的时候，也可以搭配各种维生素，特别是有 B 族维生素和锌一起吃，效果更好。

其实，人体本身就是一个整体，体内的各种营养素之间，也存在很多协同作用。

比如，大家最常听到的维生素 C，就可以促进铁和钙的吸收；而前面提到的 B 族维生素，其中维生素 B_2 也能促进铁的吸收。

小贴士

相对来说，以前研究不够深入，很多知识大家都不知道。再加上现在的孩子吃得越来越精细，虽然某些营养补起来了，另一些营养却又缺失了。时代不一样，生活习惯不一样，给孩子补的东西自然也要与时俱进。

通过饮食心理，查找原因

了解孩子饮食心理特点

“多吃点鱼，多吃点菜”“你怎么总是吃零食……”家长总喜欢在孩子耳朵边絮絮叨叨，让他吃这个，别吃那个，把自己的意念强加在孩子身上，让孩子反感。家长到底有没有想过孩子为什么喜欢吃零食，不喜欢吃饭？孩子的饮食心理到底是怎样的？说到底，只要抓住孩子的心理，就算你不让他吃，他也要抢着吃。

1 好奇心强

喜欢颜色鲜明、花样翻新的食物。不同的食物切成不同的形状，都会引起孩子的兴趣。

2 喜欢用手拿着吃

对有营养但孩子又不太爱吃的食物，允许孩子用手拿着吃，这样可以增加他进食的兴趣。

3 模仿性强

周围人对食物的态度对孩子有很大的影响，例如，爸爸妈妈在吃李子的时候露出酸的表情，孩子就可能会拒绝吃李子；而在和小伙伴一块吃饭时，看到别的小朋友吃得津津有味，他也会吃得很香。

4 感觉灵敏

对食物的味道和温度很敏感，所以，不宜给孩子吃太冷或太烫的食物。

5 喜欢形状规则的食物

孩子会对某些不熟悉的，不经常看到的，形状奇特或颜色奇怪的食物，像海带、木耳、紫菜等感到恐惧，常常不愿轻易尝试。

6 喜欢吃别人的东西

孩子常常喜欢“吃着碗里的，看着锅里的”，对别人碗里的食物更感兴趣。因此，如果孩子有这个喜好，就将家长碗里的饭故意放成为孩子特制的食物，让他“抢走”。

不爱吃饭，原因可能藏在这些细节里

每个孩子的食量是不一样的，有的孩子可能吃一碗就饱了，但是，家长觉得应该吃三碗，不吃三碗就是不爱吃饭，这可真是太冤了。

试想一下，你是否有回娘家后被热情的母亲鼓动着一个劲让你多吃点的经历？如果你经历过，那么就能够体会到每次让孩子多吃点的时候，孩子的感受了。

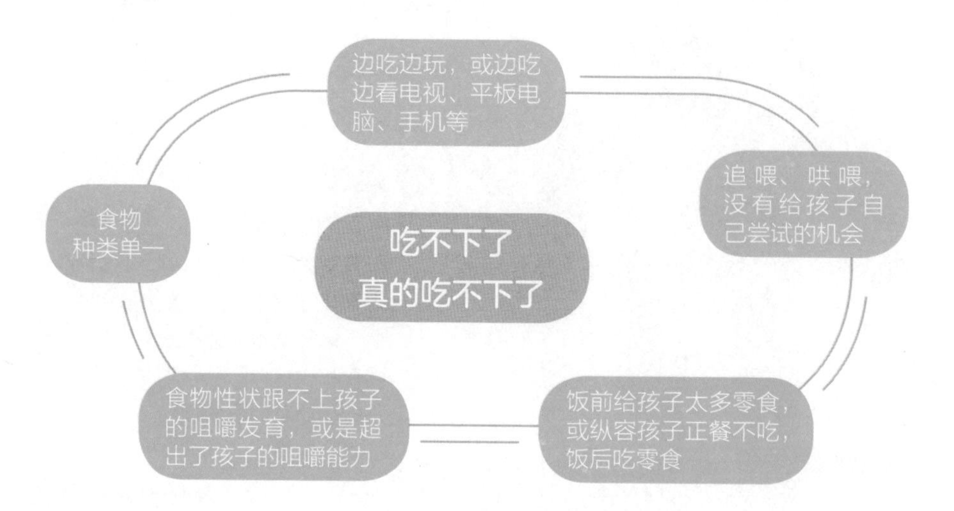

科学喂养3原则，从“心”培养宝宝饮食好习惯

0～6岁是孩子养成健康饮食习惯的关键时期。如何帮宝宝守住底线，让他学会自己选择健康食物，拒绝不健康食物，愉快地享受美好的食物？

家长不妨检查一下，这3个饮食原则是否知晓，有没有做到。

均衡半盘原则：摄入比例搭配合适

宝宝的饮食应该是营养均衡的，半盘原则包含了简单、合理的饮食设计。

每餐应该摄入的各种营养，健康食物的种类与比例，如果以一盘为单位，那么需要摄入约半盘蔬菜和水果，另外一半则是蛋白质和糖类（碳水化合物）食物。长期执行，更容易做到营养均衡。形成习惯后，宝宝就会知道，蔬菜、水果、奶类、肉类和谷物是每天需要吃的食物，每样都不能少，每样都有很多选择。

半盘原则以一盘为单位，有利于控制食物摄入的量，让宝宝能够比较直观地了解自己到底吃了多少食物。有研究指出，如果能够直观地了解自己吃的食物量，摄入食物过量的风险就会减少。

此外，半盘原则还强调自由变换菜式，比如，应用色彩心理学的原理，通过食物的色彩搭配，让孩子对健康食物有更好的胃口，并能够孩子的提升审美能力。食物的颜色也代表了营养素的种类，五颜六色的食物能够为宝宝带来更加均衡的营养。

适度小分量原则：少量多次取，增加对食物的控制感

餐点分量科学化中最重要的原则就是小分量的原则。这个原则与认知有关。通常孩子通过看得见的饮食线索来判断是否吃饱。在认识事物时，孩子对实际的数量，没有感觉或者计算迟钝，但对“一个”或者“一包”“一碗”这样的概念很清晰。所以，孩子在吃东西时，往往会说：“我吃完这一碗就够了。”可是，他并不清楚一碗的实际分量是多少。

此时，家长需要利用小分量原则跟他一起规划好，让孩子能够不超过他每天该摄入的量。比如，可以拿出两袋 200 毫升的奶，告诉孩子早上、晚上各一袋；可以让孩子盛取食物时遵守少量多次的规定，既不浪费也不多吃。这样，小分量原则就能够帮助孩子控制食物摄取的量，建立对食物的控制感。

利用小分量原则对控制孩子的零食摄入也同样有效。比如，可以把零食分放在保鲜袋中，提供“定量”的餐点，不要让孩子看到多出来的零食。在购置食物或零食时，家长尽量选择小包装食品。即便选择了经济实惠的大份包装，也要准备零食盒分装好孩子每天吃的零食量。不要未经处理就直接把大份包装食物放在客厅里，让孩子吃起来没有节制。这样，孩子就明白：“哦，这是我每天能吃的零食。”这其实也是孩子对自主能力和自控能力的培养。他慢慢就会了解：好吃的东西应该怎样去处理，用什么样的方式去分配。

美感审美原则：一种更健康、更美好的生活

孩子吃饭的过程也是审美能力的培养过程。

在日常生活中，餐盘、餐具，包括食物的颜色，都是可以进行漂亮搭配的，让孩子从小对美有直观的感受。吃饭的过程中，也可以有意识地加入艺术元素，比如，什么样的灯光会让食物看起来更加可口，什么样的搭配会让食物的颜色更加突出，让人有更食欲等。很多孩子都非常喜欢画画，家长可以让孩子把就餐过程画下来。

很多家长可能会觉得在家吃饭已经不易，还要花心思布置，实在为难。其实，关键在于发现美的心。比如，某天在吃饭时，餐桌上多了一个小瓶插花，或者搭配一个漂亮的碗，这小小的改变能使整个吃饭的氛围都不一样。

这就是常说的生活品质，家长的一点儿巧思和改变，能够赋予孩子发现美的眼睛。在这样的环境里成长，孩子必然会从美的视角去看待事物，会对周围环境表现出感恩之心，愿意与环境和谐相处。这样，吃饭就变成了一个充满快乐、艺术气息，又能传递家庭温暖的行为。

专题：一个餐盘衡量营养标准，不胖、不瘦 

如果家长每顿或者每天都通过称重准备食物，其实特别麻烦、费时，也没有必要。可以使用更简单、更直观、更易操作的方法——“1 张图 +3 要点”来为孩子定制“健康餐盘”。

1 张图：膳食餐盘比例图

根据以下膳食比例图，使用分格餐盘，给孩子准备的饭菜只要大致符合餐盘中的占比即可。

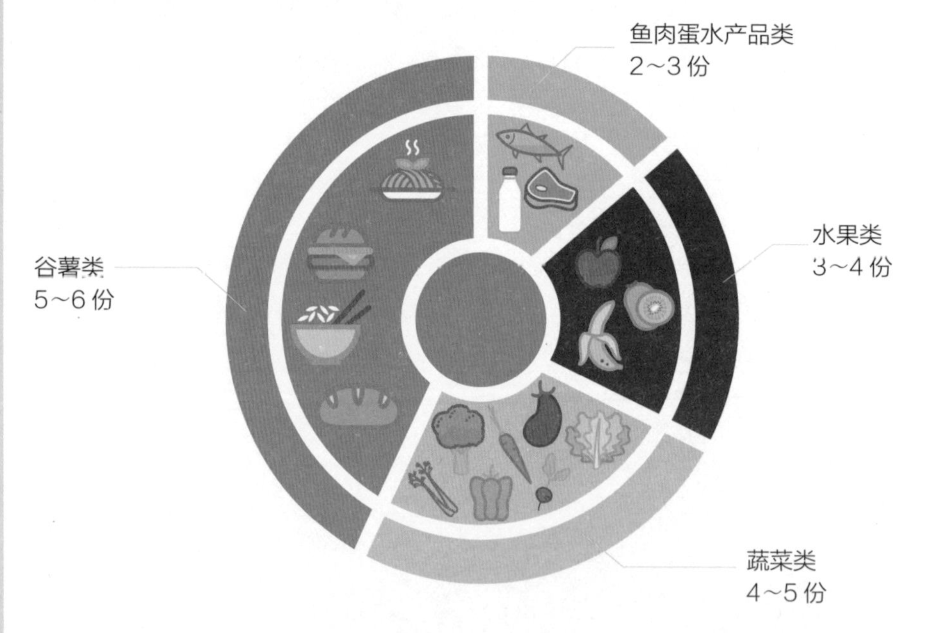

3 要点：食物多样化

1. 以周为单位，做到一周内的均衡搭配。

2. 食材丰富，尽量做到平均每天摄入 12 种以上食物，每周 25 种以上。保证谷物粗粮薯、鱼肉蛋奶豆、蔬果顿顿有，每天奶、坚果适量，调味品尽量少食用。

3. 色彩丰富，红黄白绿紫，每样都有点儿。

第三章

抓住孩子身高生长黄金期，长高 10 厘米不是难事

与同龄孩子比，身高多少才算达标

每个宝宝都是独立的个体，遗传基因不一样、吃饭、睡觉、运动也都不一样，所以别人家孩子的生长发育情况与自己家的孩子真的没法一概而论。

怎样判断孩子身高是否达标

儿童生长发育的评估有两大类指标

一是生长水平评价，也就是年龄时间点的身高情况；

二是生长速度评价，也就是单位时间内的身高增长速度（生长速率）。

生长水平评价

将测量值与参照值比较，就可以知道孩子在同种族、同年龄、同性别人群中所处的位置，一般采用中国 0～18 岁儿童生长参照标准及生长曲线进行评价。

1. 身高“及格线”

同种族、同性别和同年龄个体身高的正常人群平均身高第 3 百分位数就是及格线。

2. 中位线

是第 50 百分位数，即中等身高。例如，8 岁男孩平均身高是 130 厘米。

3. 高线

同种族、同性别和同年龄个体身高的正常人群平均身高第 97 百分位数。例如，8 岁女孩标准身高为 130.8 厘米，如果该年龄儿童身高超过此标准，也需要重视，除了遗传性高身材因素外，还需警惕疾病（性早熟、马方综合征等）原因导致。

生长速度评价

除当前身高所处位置以外，还需要结合孩子生长速度或曲线图来判断生长发育状况。

各年龄生长速度“不及格”线：

生长速度 ＜7厘米/年

生长速度 ＜5厘米/年

生长速度 ＜6厘米/年

举例说明

8岁男孩

皮皮是个8岁男孩，2022年3月1日身高130厘米，看单次身高，130厘米在第50百分位是正常的，但是，皮皮在2021年3月1日身高是127厘米，身高增长速度3厘米/年，生长速度“不及格”，因此，皮皮需要进一步查找导致生长速度不及格的原因，对症治疗。

孩子身高处在百分位之间某一条线，生长速度正常，生长曲线无明显偏离，就是正常。

儿童的生长发育具有动态性、持续性、阶段性、规律性的特征，健康管理尤为重要，5岁以下儿童定期儿保，5岁以上儿童至少每年一次儿保监测身高、性发育等生长发育评价指标，及时发现生长偏离或异常，为孩子的健康成长保驾护航。

你的测量方法正确吗

选择固定时间测量

每次测量宝宝的身高 / 身长、体重和头围，并把测量数据录入生长曲线小工具中，它会自动生成生长发育曲线。

- 0～6 月龄的宝宝可以每个月测量一次。
- 6～12 月龄的宝宝可以每 2 个月测量一次。
- 1～2 周岁的宝宝可以每 3 个月测量一次。
- 2～3 周岁的宝宝可以每半年测量一次。
- 3 周岁后一般每年测量一次即可。

小贴士

不要频繁测量

宝宝的生长发育不一定是标准的上升趋势，所以不需要频繁测量，以免造成假性生长停滞。

测量注意事项

- 尽量选择比较一致的时间，比如，都是上午、都是吃奶后等。
- 3 岁的宝宝，躺着测量身长，3 岁以后，即可站立测量身高。
- 测量体重时，选择同一个体重秤，尽量脱去外衣、鞋子，最好不穿尿片。
- 测量头围一般使用卷尺，从枕骨粗隆经过双侧眉弓上缘。

导致儿童身高异常的原因

1. 内分泌性矮小

如生长激素缺乏、甲状腺功能低下及性早熟。生长激素缺乏、甲状腺功能低下，根据相应临床表现，可以分别通过检查确诊。性早熟导致的身材矮小也属内分泌性矮小，性早熟者由于发育提前，前期身高可能高于同龄儿，但生长停止也会提前，最终身高常常较矮。

2. 特发性矮小（包括多数遗传性身材矮小）

这类矮小的孩子利用目前医学手段，还查不出病因，可能与生长激素活性不够或者生长激素受体不敏感等有关。

3. 宫内发育迟缓

患儿出生时身长、体重低于正常同龄儿，出生后 2～3 年也未能追赶上，所以成年后身高也会低。

4. 体质性青春期延迟

也就是所谓的“晚长”，这类孩子常有家族史，同时，伴有性发育的落后，一般不需要治疗，与正常同龄儿相比如果相差不大，最终也能达到正常身高，但如果相差太大，即使是晚长，后期也追赶不上，所以要定期检查骨龄，及时进行干预。

5. 营养性矮小

轻度的营养不良或一般性“挑食”不至于引起身材矮小，长期严重营养不良才会影响身高。

6. 遗传代谢性疾病

如染色体异常的特纳综合征，还有黏多糖病、糖原累积症等。

7. 骨骼系统疾病

如软骨发育不良、成骨不全等。

此外，还有一些少见病因：肾性佝偻病、颅脑损伤、肿瘤等。不管是什么原因，都需要医生来进行诊断，别自己判断，也别盲目“等等看”。

孩子身高不理想，到医院最该查什么

哪些情况需要看医生

需要做哪些检查来确诊

1. 询问病史

患儿出生时的身长和体重，有无窒息抢救史，有无疾病感染史、喂养情况（尤其 3 岁以内）、生长发育史，家族史（家长青春期发育情况、家族中身高情况及肿瘤史）等。

询问病史的目的在于判断孩子矮小的原因是否与宫内发育迟缓、出生时产伤、营养不良、反复感染、系统性疾病、遗传因素等有关。

2. 体格检查

身高、体重、上下身比例、头面部及四肢有无特殊体征、性发育情况等。

体型匀称性矮小可能为特发性矮小、营养不良等；体型不匀称性矮小可能考虑为软骨发育不全、甲状腺功能低下等。

体格检查的目的在于通过全面的体检，推断孩子的发育情况，根据孩子特殊的体态面容，推断可能的疾病类型。

3. 实验室常规检查

血、尿常规和肝、肾功能检测，甲状腺功能检查，疑为肾小管酸中毒的患儿要做血气分析和电解质分析。

实验室常规检查的目的在于诊断患儿是否患有血液疾病、肾脏疾病，是否肾功能衰竭、患有肝炎、是否营养状况不良或甲状腺功能低下等问题。

4. 骨龄测定

骨龄能较准确地反映孩子的生长发育水平及身高潜力，对身材矮小的患者的治疗有很大的指导意义，所以在此单列出来做一个解读。

正常情况下，骨龄与年龄差别在 ±1 岁之间，落后过多或超前过多即为异常。骨龄落后常见原因有：甲状腺功能减退、垂体功能减退、性功能减退、糖皮质激素过多，营养不良、软骨病、体质性生长和青春期延迟，特殊综合征，如唐氏综合征、普拉德 - 威利综合征（Prader-Will 综合征）等。骨龄提前的常见原因有：甲状腺功能亢进、性早熟、肥胖、肾上腺功能早现、先天性肾上腺皮质增生症、体质性高身高等。

5. 实验室特殊检查

生长激素激发试验（需空腹）、类胰岛素样生长因子（IGF-1）和类胰岛素样生长因子结合蛋白 3（IGFBP-3）检测，通过检查结果了解患儿生长激素分泌是否异常；身材矮小的儿童必要时需进行颅部下丘脑垂体核磁共振检查，排查先天发育不良和脑肿瘤的可能性；身材矮小的女孩都应进行染色体核型分析，以便排除特纳综合征。

以上为矮小儿童诊断过程中需要进行的各项检查，因个体差异，请以实际临床诊治为准。

定期测量骨龄，避免影响成年后身高

实例分享

然然姑娘（化名），第一次被妈妈带来找我就诊是2018年8月。年龄11岁，身高只有133厘米（比正常平均身高标准矮了12厘米），乳房已经发育一年余，骨龄10.5岁，预测成年身高不到150厘米，诊断为青春期矮小。开始治疗后，4个月长高了3.7厘米，但是，她的妈妈告诉我：孩子的奶奶和爸爸都反对治疗，认为孩子自己能长高，妈妈一个人的经济能力承担不起然然的治疗费，只能选择放弃治疗。面对这种情况，作为医生的我除了遗憾还有叹息。过了一年，然然居然来复诊啦！原来是月经初潮了，年龄12岁，身高144厘米，骨龄12.5岁。我根据她的情况重新预测孩子终身高不会超过152厘米，并且再次提醒家长：女孩子月经初潮往往意味着剩余最后一年的长高时间，一旦错过治疗就无法挽回。孩子妈妈说回家去商量一下，结果又没了下文。

2022年2月，然然和她妈妈再次出现在我面前，妈妈的第一句话就是“梁医生，我后悔没有听你的话！现在还有办法治疗吗？”然然最近一年才长了不到1厘米，现在身高152厘米，骨龄15岁，骨骺闭合意味着身高定型，已经没有任何办法可以治疗了。

骨龄是什么

儿童的生长发育可用两个“年龄”进行评价，一个是普遍用的生活年龄（日历年龄），另一个就是骨龄。何谓骨龄？简单地讲，骨龄就是骨骼的年龄。它是以人体骨骼实际发育程度与标准发育程度进行比较而得出的一个骨骼发育年龄。

骨龄预测身高的机理

经过很多医学研究，总结出骨龄和剩余生长潜能之间的科学规律（见下图），骨龄预测成年身高的理论基础就是来源于此。预测身高靠不靠谱，还需要有经验的生长发育专科医师结合孩子的种族、民族、家长遗传身高、孩子的青春发育状态、过去 1 年身高和骨龄进展情况等因素进行综合判断。如果孩子没到青春期，那么，预测成年身高还太早，需要定期随访；已经开始进入青春期发育的孩子，这时候通过骨龄预测成年身高就非常准确了，有经验的专科医师的误差不会超过 2 厘米。

骨龄与生长潜力

骨龄	骨龄百分位		生长潜势	
岁	女	男	剩余（cm）	生长速率 cm/ 年
11	90.6	80.4	15～16	8
12	92.2	83.4	10～12	5~6
13	96.7	87.6	4～5	3～4
14	98.0	92.7	3～4	< 2

骨龄与生长潜势

骨龄
女 13 岁
男 15 岁
达到最终身高的
95% 以上

为什么孩子的骨龄会比年龄大

除了遗传因素影响外，肥胖和营养过剩、经常进食高蛋白饮食、服用营养品、经常熬夜、服用促进性发育的药物、环境污染（类雌激素样物质）等均会加快骨龄的成熟，当然，中枢性性早熟（真性性早熟）和很多外周性性早熟更会导致骨龄的快速进展，使骨骺早闭，影响成年终身高。

儿童骨龄增大的对策

发现孩子的骨龄超过实际年龄，是否需要治疗，分三步进行判断：

第一步：查找骨龄提前的原因。

第二步：判断骨龄与现在身高的关系。

第三步：决定采取什么样的对策。

梁医生有话说

科学看待测骨龄的结果

如果骨龄超前，但与现在的身高匹配，排除了其他疾病因素，则暂时不需要药物治疗，但饮食要控制以防止肥胖，骨龄需要每3~6个月复查随访。测一次骨龄正常不代表以后身高绝对没问题，情况可能会变化。

如果骨龄比生活年龄超前明显，生长潜力受损，预测成年终身高不理想，则需要在专科医生的指导下及时采用药物治疗。月经初潮后1年再来找医生，往往就没办法治疗了。

如果家长担心一个医生判断不准确，可以多去咨询几家医院，千万别错失孩子的治疗时机。

骨龄结果怎么看

正常情况下，孩子的骨龄和年龄不会相差超过 1 岁。

骨龄延迟（晚熟）：骨龄 - 年龄 < -1 岁

骨龄提前（早熟）：骨龄 - 年龄 > 1 岁

可以参考下面这个表格：

重要程度	判断（骨龄 - 实际年龄）	应注意情况
异　常	差值 > 2 岁	医生一般会根据结果排查早熟等引起骨龄提前的内分泌疾病的可能
	差值 < -2 岁	应排查生长激素缺乏、甲状腺问题等可能引起骨龄落后的遗传、内分泌疾病
需注意	1 岁 < 差值 ≤ 2 岁	发育可能提前，剩余身高增长潜力较小，建议半年检测一次
	-1 岁 > 差值 ≥ -2 岁	发育比较迟缓，差距可能越来越大，需要至少半年检测一次或遵医嘱
正　常	-1 岁 < 差值 ≤ 1 岁	正常生长，可以每年检测一次，便于及时发现生长偏离情况

如果骨龄提前或者落后超过两岁，家长就要注意了：孩子的生长发育可能存在问题。

比如，孩子 11 岁，但是骨龄已经 13 岁，那么可能是性早熟。一旦骨骺提前闭合，长高的空间就不大了。

而如果孩子已经 11 岁，骨龄才 8 岁，那可能是生长激素缺乏或是甲状腺问题，要及早去看内分泌科医生。

想要孩子长得高，补钙技能少不了！3招科学补钙

钙到底要不要补

根据《中国居民膳食指南（2022）》，不同年龄段人群需要按以下推荐量来摄入钙：

中国居民膳食钙的推荐摄入量（RNI）

人 群	钙（毫克/天）RNI
乳 母	1000
0～0.5岁	200
1岁	600
4岁	800
7岁	1000

RNI：指满足某一特定性别、年龄及生理状况群体中97%～98%个体需要量的推荐摄入水平。

相关研究表明，人终其一生，都需要钙。儿童至青春期，骨质的增加比流失快，钙的摄入可以补充到骨质里，让骨头长粗长长，使骨质变得强健；30岁，骨质的流失比增加快，摄入的钙可以帮助平衡骨质的流失，减少骨质疏松。

如果每天能够按照推荐量来摄入钙，不管孩子还是成年人，都不需要通过钙片额外补钙。

怎么才能满足每天需要的钙量

建议从饮食、运动和适度晒太阳等方面入手。

吃对食物，补好钙

许多家长跟我说，天天给孩子炖骨头汤喝，好像效果也不是很明显。骨头汤、虾皮含钙丰富这些说法似乎已经深入许多家长的心里了，其实，这些说法并不是很靠谱。

骨头汤中钙的含量其实并不高，而且也不利于吸收，喝骨头汤的同时，其实喝下的是大量的脂肪和嘌呤，对健康是不利的。

而虾皮，虽然说含钙量确实高达 991 毫克 /100 克，但它含盐量也高，100 克虾皮中含钠 5057 毫克，不光很难吃到这么多的钙，更重要的是，它吸收率还低（少吃盐等于多补钙，因为身体排钠的过程中也会丢掉一部分的钙），总之就是弊大于利，不推荐。

那么，有哪些天然的补钙食物？给大家推荐这几样：

1. 牛奶、奶制品

牛奶和各种奶制品，堪称“天然钙库”。每 100 毫升的牛奶中，含钙量约为 104 毫克，其中还含有乳糖、维生素 D，可以帮助促进钙的吸收。除了纯牛奶外，你还有以下选择：

- 酸奶：胃肠不舒服时能促进胃肠道蠕动。
- 奶粉：不同奶粉含钙量不同，需根据配料表换算。
- 低脂牛奶：“小胖墩儿”选这种。
- 零乳糖牛奶：乳糖不耐受者选这种。

牛奶属于液体类食物，轻轻松松可以喝下很多。

2. 豆类、豆制品

豆类及豆制品是物美价廉的补钙食品。

每100克的黄豆中，含钙量高达191毫克，远远高于肉类。

豆制品在制作过程中加入卤水或石膏的同时，也能增加含钙量：

- 卤水豆腐（北豆腐）：含钙量138毫克/100克。
- 石膏豆腐（南豆腐）：含钙量116毫克/100克。
- 内酯豆腐：口感细腻滑嫩，含钙量约为106毫克/100克。
- 豆浆：当大豆加水变成豆浆时，钙的含量被稀释至10毫克/100克。

各年龄段儿童豆类建议摄入量

单 位	幼儿		儿童青少年		
	2岁~	4岁~	7岁~	11岁~	14岁~
克/周	35~105	105	105	105	105~175
份/周	1.5~4	4	4	4	4~7

3. 绿叶蔬菜

绿叶蔬菜，特别是深色的蔬菜，不仅含钙量丰富，还富含钾、镁、维生素K、维生素C等营养素，可以促进钙的吸收与利用。

不过，部分绿叶蔬菜中含有草酸、植酸等物质，可能会将降低钙的吸收，烹饪前最好先焯一下水，焯水时间控制在10~15秒，这样既保证钙的吸收，又不会因为焯水时间过长而导致蔬菜营养的流失。

这几种绿叶蔬菜含钙量丰富：

- 苜蓿：含钙量713毫克/100克，吃完一盘，一天就达标了。
- 荠菜：含钙量294毫克/100克，几乎是牛奶的三倍，虽然吸收率不如牛奶，但量足。
- 芥蓝：含钙量128毫克/100克。
- 油菜：含钙量108毫克/100克。

《中国居民膳食指南（2022）》建议每人每天食用300~500克新鲜蔬菜，其中绿叶蔬菜和其他深色蔬菜加起来要占1/2。

4. 水产品

在动物性食品中，各种水产品，鱼、虾、蟹、贝类食物，含钙量较高。而且，这些食品中的脂肪多为不饱和脂肪酸，有益于心血管健康。

推荐这几种水产品：

- 鱼类：含钙量 50～150 毫克 /100 克。
- 贝类：含钙量 200 毫克 /100 克。
- 推荐每天吃水产品 40～50 克，每周 280～350 克。

需要注意的是，有些水产品的内脏中脂肪含量较高（比如，蟹黄、鱼子等），不能吃太多。

5. 坚果

坚果，特别是含油脂较多的坚果，含钙量丰富。

各种炒熟的坚果，含钙量多高达 100～200 毫克 /100 克。

- 推荐大家每天吃 25～35 克坚果。

6. 芝麻酱

每 100 克芝麻酱中含钙量为 1170 毫克。

平时蘸点酱、抹个馒头、吃碗麻酱凉面，摄入 200～300 毫克的钙不在话下。

需要注意的是，芝麻酱热量高，不宜食用过多。

梁医生有话说

食补不够，钙剂来凑

如果没有养成喝奶的习惯，也不爱吃蔬菜和豆制品，可以考虑钙剂，最好是每片 100 毫克的，才好控制量；另外，钙剂的补充，与餐同服、少量多次，更有利于吸收。

但勿补过量：食物和钙剂加起来的钙量能补够膳食参考摄入量即可，补过量反而可能给身体带来负面影响。

巧运动，有助钙吸收

为了更好地促进骨骼对钙的吸收利用，需要通过运动提高骺软骨的增殖能力，刺激骨骼生长。

运动方式可以有多种选择，比如，慢跑、骑自行车等，而其中比较有利于长高的运动为单杠、爬楼梯，或者起摸高跳、青蛙跳等跳跃运动。

1. 推荐每天至少运动 30 分钟

晒太阳“补钙”。晒太阳虽然不能直接补钙，但是，人体皮肤在紫外线的照射下，可以促进自身合成维生素 D。而维生素 D，可以帮助人体吸收和利用钙。

一般来说，上午 10:00 前，下午 16:00 后的太阳，温暖柔和，且紫外线强度不会过高，最宜“晒”娃。

* 各地气候有差异，请按当地情况适当进行调整。

2. 建议每天在阳光下活动 20 分钟以上

户外活动接触阳光，能促进眼内多巴胺释放，从而抑制眼轴变长，预防和控制近视发生。儿童应坚持每日在阳光下活动 20 分钟以上。

为什么一直补钙，还缺钙

其实，补钙是一回事，能吸收多少又是另外一回事。

钙的吸收离不开维生素 D

维生素 D 的最佳来源就是晒太阳，而现在的孩子很少到室外活动，这样促进钙吸收的维生素 D 就失去了简便、安全、有效的来源。

常见误区：补钙不补维生素 D。

很多家长往往只重视给孩子补钙，却忽视了对维生素 D 的补充，其实缺乏维生素 D 才是儿童佝偻病的“罪魁祸首”。钙的吸收需要有维生素 D 的参与，否则，补再多的钙也等于虚补一场。

维生素 D 能够在小肠内促进钙的吸收，如果缺乏维生素 D，钙在肠道内就无法被吸收，而体内则需要钙来调节生理功能，为了调节人体钙的平衡，骨骼中的钙就会被动员出来，这样，骨质缺乏钙，长得就不坚实，因此，佝偻病也有“软骨病”之称。

食物中钙不能很好地被吸收利用

我们的日常食物主要以植物性来源的食物为主，乳及乳制品所占的比例甚少，再加上豆类的摄入也不足，这就使膳食中的钙更加不能很好地被吸收利用。

食物中钙的存在形式，以及是不是有促进或者抑制钙吸收的因子，都影响补钙效果。比如牛奶中的钙是以钙离子形式和酪蛋白胶体、磷酸根离子和柠檬酸组成微妙的胶体复合结构，容易被人体利用。

此外，牛奶中含有维生素 D 和乳糖，酸奶里也含有维生素 D 和乳酸，它们都有促进钙吸收利用的作用。牛奶每日推荐量约为 300 毫升，人体每日可从中摄取的钙达 300 毫克，基本上可以满足每日钙的推荐量。

一些绿叶蔬菜，如菠菜中的钙多以草酸钙晶体形式存在于细胞中，不容易被人体吸收利用。而且食物中还存在草酸、植酸等抗营养因子，它们都会妨碍人体对钙的吸收，因而即使一些绿叶蔬菜中钙含量比较高，但是，其吸收率并不如牛奶。

过量饮用咖啡和碳酸饮料

这些饮料不但不会对孩子的成长产生有益影响，甚至还会赶走体内的一部分钙质，所以要让孩子尽量避免饮用咖啡和碳酸饮料。

个体需求量、人的消化吸收功能

有的幼儿消化好，吸收力就强；如果某段时间生病，就会造成吸收力差。一般来说，人体的生理需求量越大，吸收利用能力就会越强；如果钙的总摄入量超过人体的需求，吸收利用率就会下降。

不要盲目补钙，摄入过量会对身体造成不必要的伤害

钙补充剂以钙盐的形式存在，如果一次摄入的剂量过大，超过了身体能够承受的能力范围，且多余的钙并未被完全排泄出去，就会在软器官中堆积，使心脏和血管受到损害。

钙摄入过量会对人体造成危害

1. 肾结石。人体每日摄入的钙 10%～20% 从肾脏排出，所以，如果摄入超量的钙，会给肾脏造成极大的负担，以致形成结石。

2. 乳碱综合征。它的典型症状包括高钙血症、碱中毒、肾功能障碍。其严重程度在于钙和碱摄入量的多少和持续时间。

3. 高钙摄入会影响铁、锌、镁、磷等矿物质的生物利用率，会对膳食中这些矿物质的吸收产生很大的抑制作用。

揭秘身高增长的黄金公式：营养＋睡眠＋运动＋情绪

管理好孩子的身高，需注意 4 个关键点

大多数家长认为，身高是由遗传因素决定的，家长高孩子一定高，家长矮孩子也高不了。其实身高除了受遗传因素影响外，还与后天环境因素息息相关。

身高管理就如同养花一样，要定期施肥、浇水（均衡营养、监测身高），看看它长得快还是慢（观察生长速度），要是长势不好，就要及时查找原因（发现异常及时就诊），而不是等它枯萎了（骨骺闭合）才想起来管理，到那时就没有挽回的余地了。

想让孩子长得更高，不但要注意其身高增长速度，还应避免营养过剩导致的超重、肥胖，同时，控制骨龄发育速度，延长孩子长高的时间。

总之，在孩子长个儿这件事上，不能完全依靠 70% 的遗传基因，一定要重视 30% 的后天因素，尽早进行科学的身高管理，合理安排孩子的饮食、睡眠和运动，让孩子保持良好的心态，这样孩子的身高才能顺利地达到理想状态。

管理好孩子的身高，要注意下面 4 个关键点：

管理好孩子的身高的 4 个关键点

1. 良好的心情

平时注意关心和爱护孩子，不吼不叫，营造宽松的家庭氛围。

2. 优质的睡眠

21：00～1：00 和 5：00～7：00，人体处于深睡眠状态，可以促进生长激素分泌。

3. 均衡的营养

饮食多样化，营养均衡，充分发挥营养素的协同作用。

骨骼“混凝土”：蛋白质

骨骼“支撑者”：钙

骨骼“加油站”：维生素 D

骨骼“保卫者”：镁。

4. 科学的运动

跳绳、游泳、跳高等，可以促进生长激素的脉冲式分泌。

梁医生有话说

每 6～12 个月测量一次身高

人的生长速度是不均衡的，每个人都有自己的特点，所以太频繁地测量身高也是不科学的。当然，测量时间间隔太长，父母也无法及时掌握孩子的生长发育情况，出现问题不能及时处理。有些父母给孩子测身高，这个月长了 0.5 厘米，下个月只有 0.3 厘米，就着急找医生了。其实，只要每 3～6 个月测量一次，每年增高 5～7 厘米就“达标”了。一般来说，应遵循 1 岁前每 3 个月测量一次身高、体重、头围；1～3 岁每 6 个月测量一次；3～7 岁每 12 个月测量一次的规则。

抓住长高黄金期，补对营养，身高猛长

儿童生长发育专家认为，学龄前时期是决定儿童最终身高的重要时期，抓住这个时间段，儿童成年后甚至可以突破遗传身高的限制，再多长 10 厘米。

合理的营养可以促进儿童的生长发育，健康成长

营养状况良好的儿童可以达到理想的身高和体重。营养不足或缺失的儿童则达不到理想的标准身高和体重，而营养过剩则会使儿童体重超标或肥胖，依然会影响健康成长。

为使儿童健康成长，保证其正常的生长发育，合理的营养是非常关键的。每个阶段的儿童生长发育特点不同，所以对营养的需求也不同。

幼儿期的饮食营养

1～3 周岁称为幼儿期，这个时期的幼儿仍在不断生长发育中，为了保证足够的热量和营养素的摄入，各营养素之间的比例要恰当。总热量需要每日每千克体重 376～418 千焦，蛋白质需要每日每千克体重 2～3 克，脂肪需要每日每千克体重 3.5 克，糖类（碳水化合物）需要每日每千克体重 12 克（蛋白质中优质蛋白质应占 50% 以上）。

微量元素

幼儿必需而又容易缺乏的矿物质和微量元素主要有钙、铁、锌

元素名称	适宜摄入量（1～3 岁）	所含食物
钙	600 毫克 / 日	奶及奶制品、大豆制品、蛋类、虾皮、绿叶菜等
铁	9 毫克 / 日	蛋黄、猪肝、猪肉、牛肉和豆类
锌	4 毫克 / 日	蛤贝类、动物内脏、蘑菇、坚果类、豆类、肉和蛋

维生素

维生素 A 和维生素 D 的摄入对幼儿的生长发育较为关键

种　类	适宜摄入量（1～3 岁）	所含食物
维生素 A	310 微克 / 日	肝、肾、蛋类、奶油、胡萝卜、红薯、黄瓜、番茄、菠菜、橘子、香蕉等
维生素 D	10 微克 / 日	维生素 D 的膳食来源较少，主要来源于户外阳光照射皮肤由 7- 脱氢胆固醇转变成维生素 D

幼儿时期孩子的食物宜细、软、烂、碎，避免吃有刺激性的食物和调料，每日要保证饮用 200～400 毫升的牛乳或豆浆，外加鱼、肉、谷薯、蔬菜、水果等多样化的膳食，每日三餐正餐，外加 1～2 餐点心。

1～3 岁儿童一日食物量

食　物	一日量
牛奶	350～500 克
蛋	1 个
禽、鱼、肉	50～75 克
蔬菜与水果	100～400 克
谷薯类	50～125 克

1. 饮食原则

营养均衡——幼儿的饮食中必须有足够的热量和各种营养素，各种营养素之间应保持平衡关系，蛋白质、脂肪与糖类供给量的比例要保持 1∶1.2∶4，不能失调。有些幼儿很少吃蔬菜、水果，这会使钙、铁等矿物质和维生素缺乏。总之，幼儿的饮食要数量足、质量高、品种多、营养全。

2. 烹调合理

首先，做到软、细、烂。含粗纤维及油炸食物要少吃，刺激性食物不能吃。

其次，保证食物的营养素。比如，米饭蒸或焖要比捞饭损失蛋白质、维生素少，蔬菜先洗后切、急火快炒，能避免维生素大量流失。

学龄前儿童

此阶段的儿童生长发育不如幼儿阶段那么迅速，增长稳定。且智力发育迅速，求知欲强，是逐渐形成个性和习惯的阶段。

此阶段的儿童每天的活动量很大，消耗的热量与营养素也很多，所以需要的营养也较多。

每天每千克体重的总热量需要 376 千焦，但是，热量还要考虑年龄、性别、体重以及活动量的不同。蛋白质、脂肪、糖类三者比例宜 1：1.1：6。

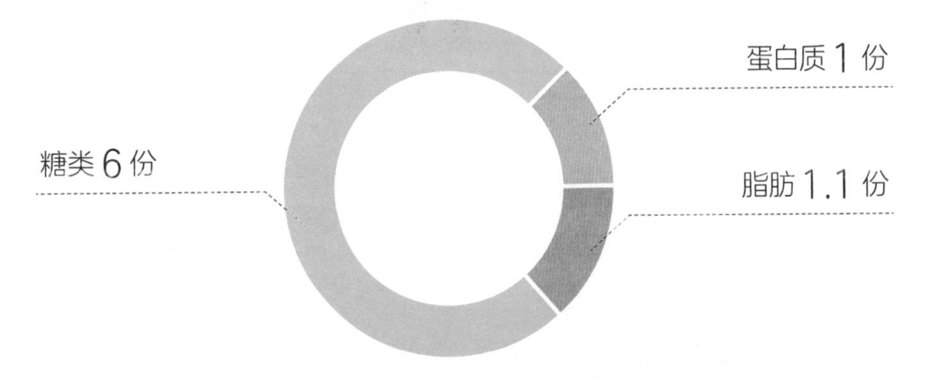

4~6 岁儿童一日食物量

食　物	一日量
牛奶	300~500 克
蛋	1 个
禽、鱼、肉	50~80 克
蔬菜与水果	300~550 克
谷薯类	100~175 克

睡眠不足和不规律，影响生长发育

一看图就懂，睡眠和长高的关系

睡眠时间充足对孩子的生长发育非常关键，同时，睡眠质量也很重要。入睡时间不同，深睡眠和浅睡眠所占的比例就会发生变化。入睡越晚，浅睡眠占比越多，深睡眠占比则越少。

人体的生长激素主要在深睡眠状态下分泌，所以要尽量保证孩子早点入睡。

一个人的身高，取决于睡着时生长激素的分泌量

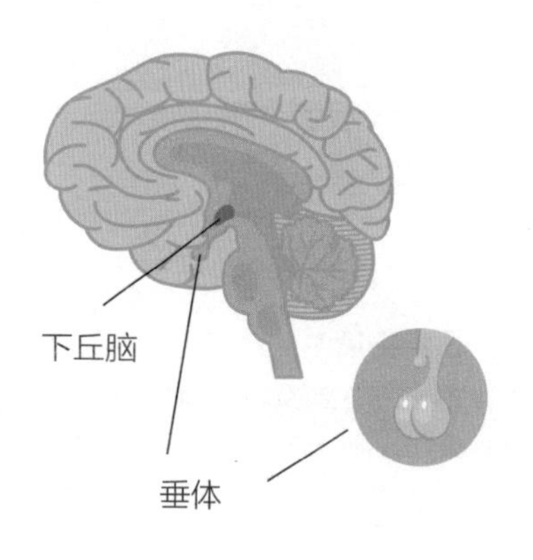

生长激素是由脑垂体分泌的，除此之外，脑垂体还分泌促甲状腺激素、促肾上腺皮质激素等。

因为脑垂体工作很忙，所以它不是一整天都在分泌生长激素。

晚上 22:00- 次日 02:00 是生长激素分泌的第一个高峰期，早上 5:00-7:00 是第二个高峰期，所以这个时间段应该保证孩子处于睡眠中。此外，睡前 1 小时不宜进行剧烈运动。

二十四小时生长激素分泌图

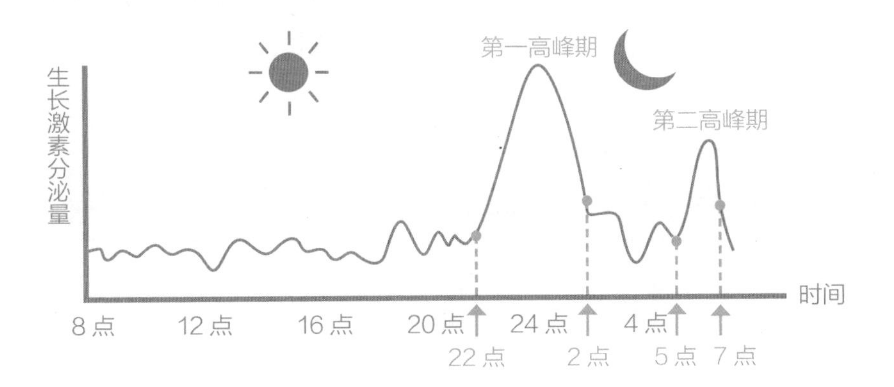

各个阶段孩子睡眠需达到的时长

不同年龄段的孩子，都有一个对应的推荐睡眠时长，家长要尽可能保证孩子有充足的睡眠时间。

不同月（年）龄宝宝推荐睡眠时长

月（年）龄	推荐睡眠时长/小时	可能合适的睡眠时长/小时	不推荐睡眠时长/小时
0～3月龄	14～17	11～13，18～19	< 11，>19
4～11月龄	12～16	10～11，16～18	< 10，>18
1～2岁	11～14	9～10，15～16	< 9，>16
3～5岁	10～13	8～9，14	< 8，>14

对于睡眠的要求，不同年龄段孩子所需要的时长是不同的，幼儿园的孩子与小学生不同，小学生又和中学生不同。即使是同年龄的孩子，具体到每个人，可能也会有一些差异。因为睡眠对于孩子具有特殊意义，所以应让睡眠时间达到推荐时长，家长可以结合孩子自身的情况合理安排孩子的睡眠时间。

睡前的坏习惯不改，可能会给身高“拖后腿”

在影响身高的后天因素中，睡眠排名第一，它往往是决定一个人未来最终身高的关键，这主要是因为睡觉时分泌的生长激素起着重要的作用，这种激素主管人的生长发育，它可以促进骨骼生长，帮助孩子长高。

睡前的坏习惯会影响身高增长，主要表现在以下几个方面：

1. 睡前吃太饱

如果睡前吃太饱，孩子将很难进入深度睡眠，生长激素的分泌就会因此受到限制，长期如此，自然是很难长高的。并且，为了消化食物，大量的血液会流到胃部，致使大脑供血不足，大脑处在缺氧状态也会降低睡眠质量。

2. 睡前玩得太兴奋

如果孩子睡前玩得太兴奋，大脑一直处在亢奋状态，入睡后会很难睡踏实。这时孩子一直处在浅睡眠状态，生长激素分泌就会受限，并且睡前玩得太久，熬夜，容易错过生长激素分泌的高峰期；如果孩子睡前看电视、玩游戏的时间过长，还会导致夜间失眠或者半夜惊醒。

3. 睡前不关灯，开灯睡觉

有的孩子有开灯睡觉的习惯，夜间光照会影响褪黑素的分泌，而褪黑素具有促进睡眠的作用，褪黑素分泌不足时，会影响睡眠质量。并且开灯睡觉会使瞳孔得不到放松和休息，光线对眼睛的持续性刺激，还容易导致视网膜损伤而造成近视。

合理运动，孩子长得高、更结实

要想孩子长高，运动必不可少。家长可以从小开始培养孩子的运动能力，让孩子养成经常锻炼身体的好习惯。

运动能加速骨骼的生长

运动能使血液循环加速，使正处于发育期的骨组织的血液供应得到改善，促进骨塑建过程加快；同时，运动时收缩肌肉、牵拉骨骼会使骨承受一定的压力和张力，对骨和骺软骨（生长板）的生长起积极的刺激作用，还能够促进骺软骨的生长，加速骨的生长。因此，运动对身高的增长能够产生促进作用。

年龄不同，运动方式不同

年 龄	运动方式
1 岁内	家长可以给孩子做婴儿操、按摩抚触等被动运动；还可以让孩子趴在地毯或草坪上，做抬头、翻身、爬行、按音乐节拍跳跃等运动，玩拉拉坐起、绳拉玩具、弯腰拾物、滚球、爬着追球等游戏
1～2 岁	可以进行走、跑、跳跃、上下台阶、扔球和投沙袋等运动，玩一玩捡树叶、蹲着玩沙、踢球、拉着小狗走等游戏
2～3 岁	可做跑、跳、攀登、上下楼梯等运动，玩夹球跳、立定跳远、足尖走、接抛球、踩影子等游戏
3～4 岁	应把运动与游戏结合起来，既能增加孩子的运动兴趣，又能加强运动协调能力。例如，让孩子在户外的游戏区过独木桥、跳舞、丢手绢、玩老鹰抓小鸡游戏等
4～6 岁	可以进行游泳、慢跑、快步行走、滑冰、骑车、各种球类等运动。这类运动最好每周 3～5 次，每次 20～30 分钟，每天不超过 2 小时，可分 2～3 次进行。跳绳、跳皮筋、蛙跳、纵跳摸高等弹跳运动，可使下肢得到节律性的压力，充足的血液供应会加速骨骼生长。弹跳运动以每天 1～3 次，每次 5～10 分钟为宜

根据生物钟安排运动，最长个

运动也有自己的“时间表”，如果能够选择最佳的时间段，运动的效果会事半功倍，当然对于身高的增长也会有很大的帮助。

人体受“生物钟”控制，按“生物钟”规律来安排运动时间，对健康更有利。

7:00-9:00：人体体温较低，关节和肌肉僵硬，所以适宜做一些强度较小而又需要有耐力的运动。

14:00-16:00：肌肉承受能力较其他时间高出 50%，是强化体力的好时机。

17:00-19:00：特别是太阳落山时，人体运动能力达到最高峰，视、听等感觉较为敏感，心跳频率和血压也上升。

睡前 3～4 小时运动强度不宜太大，否则，神经系统过度兴奋反而会导致失眠。

1. 早上运动先喝水

早晨人体血液黏稠度较高，早起运动对身体很不利。如果只有在早上才有时间运动，运动前最好先喝一杯温开水，以稀释血液，降低血液黏稠度，锻炼 40 分钟左右即可。

2. 最佳运动时间是下午和傍晚

人体新陈代谢率在 16：00-17:00 会达到高峰，身体的柔韧性、灵活性也会达到最佳状态；心脏跳动和血压的调节在 17：00-18：00 最平衡，而身体嗅觉、触觉、视觉等也在 17：00-19：00 最敏感。因此，综合来看，傍晚运动效果比较好。

但是，不要认为生物钟的规律就能决定一切，最佳运动时间还得取决于孩子是否能够按时去做。所以应把运动时间安排在不会影响孩子正常课业的时间段，而且也不要总拘泥于生物钟的规律。

坏情绪——孩子长高的重要杀手

家长都希望自己的孩子能身心健康地成长，大部分家长更关注孩子身体上的发育，殊不知，孩子的心理情绪也会影响身体的发育。

在孩子生长发育期，家长千万不要让孩子有太大的心理压力和不良情绪，因为过大的压力和不良情绪会造成人体的内分泌失调，使生长激素分泌不足，生长也因此受到限制；还会让胃肠道功能紊乱，导致孩子胃口不好，吸收能力变差，长期如此，就会导致营养不良、发育缓慢。家长的情绪也会严重影响孩子的心理状态。如果家长的不良情绪传递给孩子，使孩子紧张，心里产生压力，就会对身高的增长产生影响。

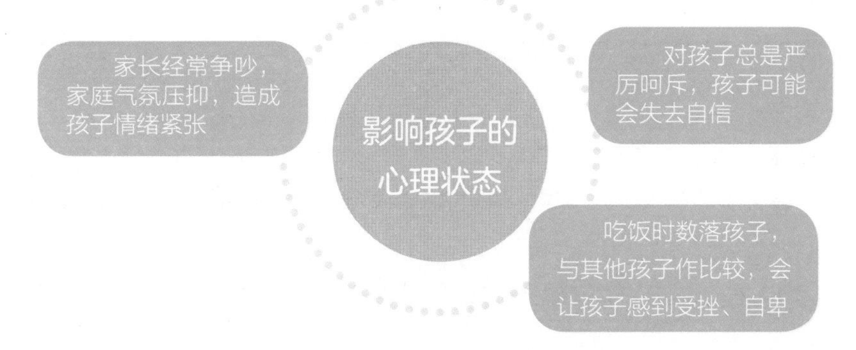

很多家长往往没有意识到这些不良情绪会给孩子的心理带来负面影响，造成精神压力，孩子常年处于不快乐的氛围中，最严重的后果就是影响孩子的健康成长。

心理问题产生压力，影响孩子生长激素的分泌

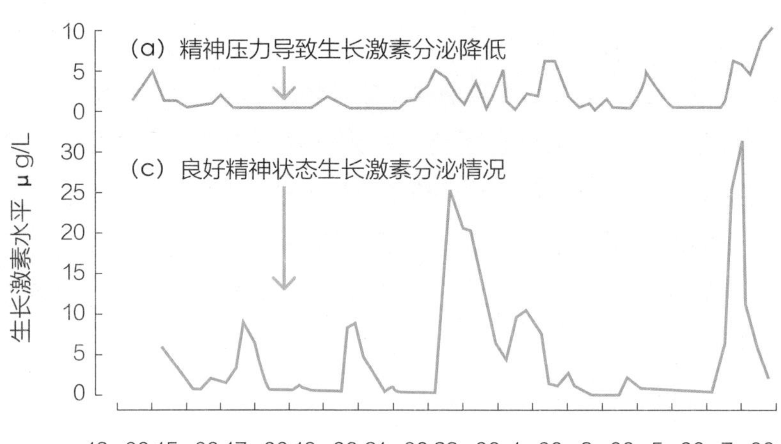

研究显示，很多心理、精神上存在压力的孩子，由于心理上感受到痛苦，导致体内生长激素分泌量减少，从而影响身高增长。

另外，孩子情绪紧张、心理有压力，会出现夜间睡不好、易惊醒的情况。睡眠质量不佳，使夜里生长激素分泌降低，从而身高增长受到影响。

这些身体反应可能是孩子心理状态不佳的表现

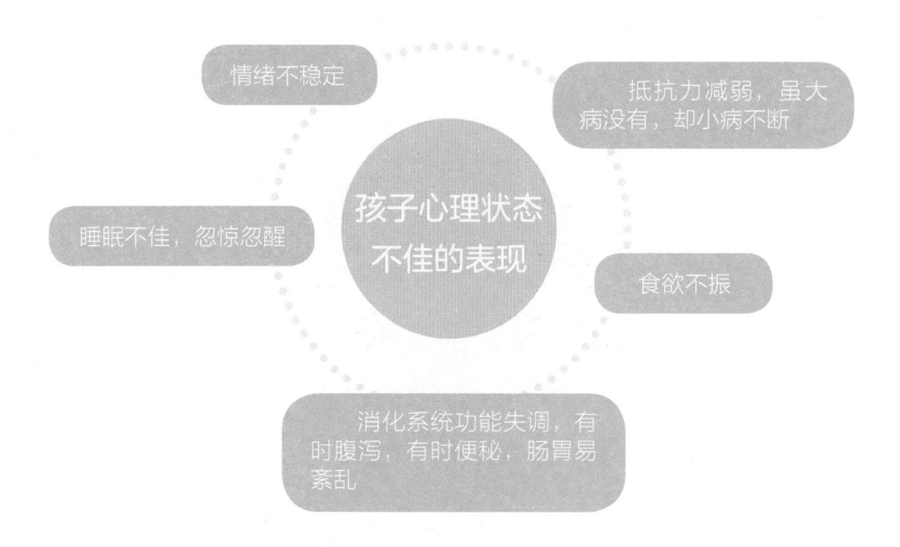

孩子受到外界影响，心理产生压力，导致生长激素分泌降低，影响身高增长。身高的落后、不理想又使孩子产生心理压力、自卑，从而形成恶性循环。

据国外一项研究显示，经常感觉紧张的女孩会比经常感觉快乐的女孩矮 5.08 厘米，并且有两倍以上不会成为身高 157 厘米以上的女性的可能性，身高超过 162 厘米的可能性更会降低 1/5。

怎样的心理才是孩子该有的健康的心理

求知欲强

充满求知欲的孩子兴趣广泛，喜欢观察事物，爱动脑筋，思维敏捷，什么都想学，什么都想试，对新鲜事物反应快，敢于提出自己的见解。

意志力强

不怕困难和挫折，不轻易放弃目标，从不半途而废。能根据自己的需要控制愿望和行为，还能排除外界和内心的干扰，集中注意力进行学习和工作。

活泼乐观

与人交往坦诚、随和、不掩饰自己的喜怒哀乐，乐意接受别人的意见，遇到困难和挫折引起的不良情绪能很快释放，不会堆积在心里。

心态平衡

经常保持欢乐愉快的心态，遇事冷静，情绪很少大起大落，能理智地分析遇到的问题，很少表现出焦虑不安或忧郁。

富有同情心

乐于帮助别人，乐于关心别人，常表现出“利他”和“亲社会”的行为。

人际关系良好

心胸开阔，尊重他人，能与他人和睦相处。积极参加集体活动，适应纪律约束和行为规范。

如何帮助孩子获得健康心理

1. 创造轻松愉快的家庭氛围

不要因夫妻矛盾让孩子感到压抑，让孩子感受良好的家庭氛围。

2. 给予孩子关怀与陪伴

无论是一句“我爱你”还是“谢谢你”，都是在表达对家人的爱；多与孩子进行互动，可以一起学习、一起玩乐，让孩子感受家庭温暖以及安全感和幸福感。

3. 鼓励教育，提升孩子自信

教育孩子时，切勿打骂、体罚，耐心说服孩子理解父母的想法，不以过高的期望要求孩子。要让孩子明白，只要积极努力，就能收获应有的回报。帮孩子放大自信，缩小自卑，这便是“成功教育”的智慧所在。

4. 听音乐改善孩子的情绪及压力

据相关杂志报道，音乐能激活人的大脑，提高大脑对声音的敏感度，从而减轻焦虑、恐惧和其他负面情绪。而且约有 80% 的手术室医护人员也称：音乐有利于手术团队成员之间的交流，能缓解焦虑，并且提高效率。

梁医生有话说

身高增长由先天和后天因素共同决定

遗传起到的作用只占 60%，营养、运动、睡眠、生活环境等后天因素的作用占 40%。儿童心理健康也是不可忽视的因素之一，家长要调整好自己的情绪，创造良好的家庭氛围，帮助儿童拥有健康的心理，心情愉悦能够促进儿童长高。

孩子长不高，可能与所患疾病有关

孩子身材矮小，别等等看

遗传因素决定个体身高发展潜力，后天因素影响潜力能否充分发挥，家长需要做的是，抓住时机消除影响孩子身高增长的不利因素，让潜力完全发挥，不留遗憾。

发育过程要一直关注身高

生长是一个积累的过程，家长只有清楚孩子的生长发育规律，在孩子的整个发育过程中都一直关注身高变化，才能及早地发现问题，及时地解决问题。

家长应至少一年一次定期监测孩子的身高变化。青春期开始时（8～10岁的女孩，10～12岁的男孩）最好做一次全面的生长发育检查，对孩子的生长发育情况进行评估，这样才能及早发现问题。

身材矮小要及时找出原因

造成孩子身材矮小有很多因素，体质性发育延迟只是其中的一种。家长自认为孩子是晚发育，采取“等等看”的观望做法，是不对的，它往往会让孩子错过最佳治疗期，最后导致孩子增高无望。

孩子身材矮小，首先需要排除可能的疾病因素。内分泌疾病、慢性疾病（如肝炎、哮喘、心脏病）、遗传代谢性疾病、染色体异常等都会影响孩子的身高增长，究竟孩子是不是晚长，这需要经过医生检查后才能得出结果。

疾病影响孩子长高

先天性甲状腺激素缺乏症，即“呆小症”

儿童期出现的典型表现，如特殊面容：头大、皮肤干燥、发稀少、水肿、眼距宽、舌体宽而厚、常伸出口外等。此外，还表现为呆滞、反应迟钝，心率慢或心脏大，腹胀、便秘等。

生长激素缺乏症，即“侏儒症”

该疾病的患儿智力多正常，出生时身高正常，2～3岁时生长减慢或完全停止，学龄期年增长不足5厘米，娃娃脸，骨龄延迟，外生殖器发育小。

特发性矮小

排除骨代谢病、营养不良、内分泌疾病等不明原因导致的矮小，60%～80% 的矮小属于此类。

真性性早熟

真性性早熟开始时身高增长加速、身材较高，最终因骨骺线提前闭合导致成年后身材矮小。

染色体疾病

也称为先天性卵巢发育不全症，是引起女童身材矮小的常见原因。

骨骼系统疾病

如软骨发育不全、先天性成骨不全症、大骨节病等，均可导致身材矮小。

鼻炎影响孩子正常长高

春季天气忽冷忽热，花粉、柳絮等飞散，致使过敏性鼻炎高发。喷嚏不断、流鼻涕，鼻痒、鼻塞、咳嗽，令人苦不堪言。家长是否知道，鼻炎会影响孩子正常长高?

过敏性鼻炎会影响孩子正常长个

孩子处于生长发育的高峰期，如果过敏性鼻炎反复发作，就会出现乏力、精神萎靡、食欲不振等症状，长此以往，就可能影响正常生长发育，从而出现体重和身高低于同龄人的情况。

其实，儿童也会患过敏性鼻炎，而且还是过敏性鼻炎的高发人群。据统计，6 岁以下儿童过敏性鼻炎的患病率高达 40%。孩子为什么会患过敏性鼻炎，主要取决于两方面的因素：首先，孩子本身具有“过敏体质”，简而言之，就是天生就容易过敏，这主要和遗传有关；其次，就是过敏体质的孩子正好接触到了会引发过敏的外界物质，也就是过敏原引发鼻炎。

孩子鼻炎的几种常见类型

一般来说，鼻炎是儿童常见病，而且很容易被家长忽视，抵抗力强的孩子可能很快就能自愈，但抵抗力弱的孩子很可能会由急性转为慢性，这就需要家长仔细甄别鼻炎的类型，并采取相应的治疗手段，帮助孩子缓解鼻炎引起的不适。如果不去治疗，小儿鼻炎很可能会加重，进而引发一系列其他的问题。

多发生在冬春季节，气候干燥引起鼻黏膜改变，诱发干燥性鼻炎。

特征： 鼻腔黏膜干燥不适，分泌物相当少。一般不流鼻涕，由于鼻内干燥有痒感，孩子常挖鼻孔，有时鼻涕中带血丝。

慢性鼻炎多为急性鼻炎反复发作或治疗不彻底转化而成，是鼻腔血管的神经调节功能紊乱引起的。

特征：以黏膜肿胀、分泌物增多为特点。鼻涕多为白色和黄色脓涕，持续时间较长，伴鼻塞和头痛，并且感冒后症状加重。

鼻塞更加严重，鼻部通气困难，常常需要张口呼吸，因张口呼吸而刺激咽喉出现咳嗽、鼻部胀痛。

特征：症状长期存在，鼻甲肥大，充血肿胀非常明显，甚至出现鼻中隔偏歪。

避开过敏原，就能缓解过敏性鼻炎

过敏性鼻炎的发作在孩子中比较常见，但也不是每个孩子都会出现。孩子本身是过敏体质，再接触到过敏原，就会出现过敏症状。

另外，孩子过敏性鼻炎发作的频率和严重程度也与过敏体质的强弱相关，如果是弱过敏体质的孩子，在环境中就要接触较多的过敏原才会引起过敏性鼻炎发作；强过敏体质的孩子，所处环境中并不需要存在太多的过敏原，就能引起过敏性鼻炎发作。

所以，一方面，要增强孩子体质；另一方面，要尽量避免接触过敏原，以避免或者减轻孩子过敏性鼻炎的症状。

避免灰尘及有害气体的长期刺激，积极防治急性呼吸道传染病；避免给孩子食用含有大量异体蛋白或有可能引起过敏的食物，如海鱼、海虾、鸡蛋等，饮食不可过于油腻，少喝碳酸饮料。

此外，夏天给孩子用冷水洗鼻子，可以起到刺激鼻部的局部皮肤，促进血液循环，以保持呼吸道通畅。

治好龋齿才能促进身体生长

虽然随着生活水平的提高，儿童的口腔健康状况有了很大改善，但由于很多家长对孩子口腔健康的关注度并不高，护理的方法也不得当；就会导致孩子的口腔内部出现龋齿；另外，孩子有爱吃甜食、刷牙不认真等一些习惯，都会导致龋齿的发生。

龋齿会阻碍孩子的生长发育

什么是龋齿？就是常说的蛀牙、虫牙，是指食物残渣在牙缝中发酵，产生酸类，破坏牙齿的釉质，形成空洞。龋齿出现的早期没有感觉，仅有牙表面上颜色发黄或发黑。时间久了，如果龋齿继续往下累及牙神经，就会引起牙龈肿胀、牙痛，甚至引起剧烈的牙神经疼痛。

严重的龋齿会影响孩子进食，不敢咀嚼食物，食物没有经过细细地咀嚼就进到胃里，会影响小肠对营养的吸收。久而久之，就会影响孩子的体质。目前，预防龋齿有效的办法是做窝沟封闭，孩子 6 岁左右做窝沟封闭的效果最好。

龋齿的预防

孩子的口腔保健应尽早开始，分阶段进行，方可防患于未然，杜绝龋齿的产生。

0~6个月 温热纱布洗口腔

口腔保健不仅仅针对牙齿，应在孩子出生后不久就开始。孩子在长牙以前，家长应在喂奶后或睡觉前用温热水浸湿的纱布轻擦孩子口腔各部分黏膜和牙床，以去掉残留在口腔内的乳凝块。这种清洁方法不仅能清洁口腔，而且能促进小儿口腔黏膜、颌骨的生长发育，增强孩子的抗病能力。孩子睡着时最好能停止喂哺，切勿含着奶嘴睡觉，否则，容易得龋齿。

6~12个月 淡盐水轻擦乳牙

6 个月左右，宝宝的乳齿开始长出，这时候，家长就要帮助孩子“刷牙”了。家长可将手指缠上消毒纱布，蘸取淡盐水轻擦牙齿的各面。牙齿的清洁大可不必按照早晚两次来进行，最好一日数次，孩子每天早上起床及晚上吃完最后一餐后都要清洁口腔，同时，还要清洁刚长出的牙齿。此时，也可以开始用较柔软的婴儿牙刷，让孩子适应用牙刷刷牙的感觉。

1~2岁 白开水刷牙

孩子 1 岁左右，大牙长出。这时，完全可以用儿童牙刷给孩子刷牙了，不过，为了宝宝的口腔健康，最好选择用白开水刷牙。此外，孩子大牙长出后，就要开始注重口腔检查了。孩子第 1 颗牙齿长出后 6 个月内应去医院做一次口腔检查。

2~6岁 开始用牙膏刷牙

孩子2岁以后，上下牙全部萌出。此时，孩子可用小型软质牙刷沿牙齿的缝隙上下刷。不过，如果是孩子自己刷牙的话，家长一定要注意提醒孩子，在刷牙时注意不要使刷毛伤及口腔黏膜和牙龈。较之以往的淡盐水和白开水刷牙，此时的孩子可以使用牙膏来刷牙了。每天早上起床后和晚上睡前，孩子应用儿童牙膏刷牙。为了避免孩子自己刷牙刷得不干净，家长最好每晚替孩子补刷牙齿一次。

此外，要想孩子口腔健康，定期的口腔检查也十分重要，最好能每半年至一年带孩子做一次口腔检查。

龋齿会遗传吗

家长患有龋齿，孩子也会满口蛀牙，这在现实生活中不少见，很多家长甚至认为蛀牙是会遗传的。其实蛀牙不会遗传，但会通过家长对孩子的喂食等行为“传播”给孩子，这也是孩子患上蛀牙的原因之一。

小贴士

要避免下述几种行为：给孩子用奶瓶喂奶时，担心温度过高会伤害孩子，于是，先在奶嘴吮上一口试温；喂孩子吃饭时，用自己的餐具喂给宝宝吃；亲吻宝宝的嘴巴。此外，家长患有龋齿的要积极诊治，以免传染给孩子。

长期便秘影响孩子生长发育

便秘对孩子的生长发育有很大的负面影响，但只要对孩子的便秘原因进行了解，一定会找到应对便秘的万全之策。

多数便秘非病理原因

1. 肠道菌群失衡

大便的性质和孩子摄入的食物成分密切相关。如食物中含大量蛋白质，而糖类不足，肠道菌群继发改变，肠内容物发酵过程缩短，大便易呈碱性，干燥。这种情况多是由家长没有注意孩子的饮食，或者孩子挑食、厌食造成的。

2. 肠道功能异常

生活不规律，或者家长没有为孩子培养正确的排便习惯，都会使孩子不能形成排便的条件反射，进而导致孩子便秘。

3. 脾胃虚弱

脾胃虚弱是引起孩子便秘的最常见的原因，其主要表现为孩子积食、厌食以及上火等。

便秘对身体的危害

孩子如果经常出现便秘或大便干燥，可能导致肛裂或痔疮，并且还可能影响孩子的消化功能，使食欲减退。长此以往，就会逐渐造成孩子营养不良，影响孩子正常的生长和发育。

也有孩子的便秘是由偏食和饮食过于精细所致。由于饮食中长期缺乏维生素和矿物质，就容易引起营养不良，而消化系统中长期缺少粗纤维的作用，肠蠕动减弱，消化功能下降，就会引起孩子的消化功能紊乱。

便秘的孩子常会感到头晕、头痛、食欲减退、肚子胀等，这是因为孩子身体不能及时将废物排出，蛋白质腐败物就会被肠道吸收，到体内引起毒性反应，对健康非常不利。

孩子便秘的应对妙计

1. 适当多食用膳食纤维

膳食纤维可以刺激肠胃蠕动，促进排便。除了蔬菜和水果，木耳、菇类、燕麦片、海苔、海带等都含有丰富的膳食纤维和矿物质，可以让孩子多食用。

2. 正确补水

两餐之间补水：妈妈不要在饭前给孩子喂水，否则，会影响孩子的进食量，进而影响营养的摄入，所以在两餐之间补充一些白开水最恰当。

孩子大哭后：孩子大哭过后会流很多眼泪，也就是身体流失了大量的体液，所以孩子哭声停止后，要及时给孩子补水。

外出玩耍时要给孩子补水：家人带孩子外出玩耍时，一定要带水。孩子活动量很大，汗液分泌增多，很容易导致孩子缺水，因此应及时给孩子补充水分。

孩子睡醒后要补充水分：孩子睡眠充足后一般比较听话，这时给孩子喂水他比较愿意接受。

3. 揉揉肚子

无论是不是便秘的孩子，每天睡觉前按顺时针方向揉揉孩子的小肚子，轻揉 5 分钟左右，就能加强肠胃蠕动。

4. 多运动有利于预防便秘

妈妈要鼓励孩子积极进行户外活动，如跑、跳、骑车、踢球等，户外活动有利于增强孩子腹肌的力量，促进肠胃蠕动，可以预防便秘。

梁医生有话说　孩子便秘可以喝蜂蜜水吗

根据孩子的身体发育情况，一般来说，1 岁以前不添加蜂蜜（一是蜂蜜里含有一种肉毒杆菌会产生毒素，对孩子有危险；二是蜂蜜由花蜜酿造而来，容易引起孩子过敏），1 岁以后要谨慎添加，真正适合孩子添加蜂蜜的时间是 3 岁以后。

专题：孩子长高路上，哪些“坑”家长要慎入

误区一：孩子早长晚长都一样

民间有句老话叫“二十三窜一窜”，很多家长认为自己的孩子可能属于“晚长”那一类，于是“静待花开”，最终错失孩子长高的最佳时机。

女性的骨骺在骨龄 14 ～ 15 岁时闭合，男性的骨骺在骨龄 17 岁时闭合，一旦骨骺闭合，无论使用任何方法，都不可能再长高。医学上仅有极少数孩子属于“晚发育、晚长”型，绝大多数身高较矮的孩子并不属于这一类，在等待过程中，很多孩子错失了长高机会。

误区二：长期吃保健品能长更高

有些家长认为，给孩子吃一些营养类保健品，如蛋白粉、海参、牛初乳、蜂王浆等对孩子的长高有好处。

这些滋补品虽然含有儿童生长发育必需的氨基酸，但高能营养滋补品一般暗含激素，可能会导致孩子性发育过早。

长期食用高能营养品，易导致肥胖，肥胖是性早熟的高危因素之一，可导致骨骼提前成熟闭合，影响孩子最终的成年身高。

误区三：“增高针”可以帮助孩子长高

近年来，随着重组人生长激素在临床的使用，有家长认为，生长激素“增高针”可以实现身高突破。但生长激素并非万能的“增高神药”，而是运用于特发性矮小、生长激素缺乏症等的治疗，有严格的适应证，需要有专业医生严格遵循适应证和禁忌证的指南规范，并对使用者加强监测随访管理，不可滥用。

第四章

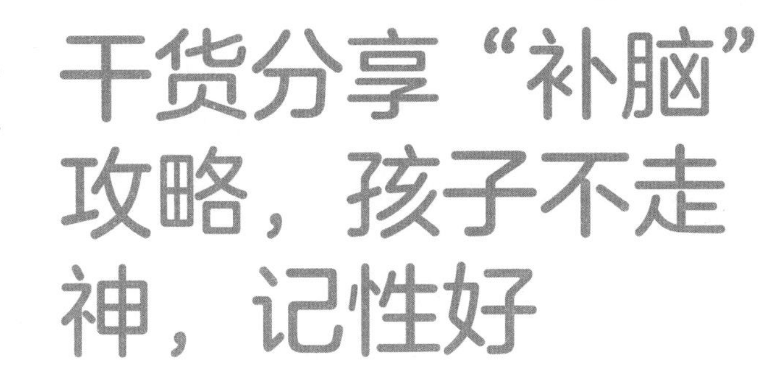

干货分享“补脑”攻略，孩子不走神，记性好

0～6 岁是儿童脑发育的不可逆期

宝宝的智商不仅靠先天遗传，而且还与后天的培养和环境有关。在宝宝成长过程中，一旦延误了大脑在生长发育期的开发，脑组织结构就会趋于定型，即使有优越的天赋，也无法获得良好的发展。宝宝大脑发育有三个黄金段，一旦错过就难以挽回。

家长需掌握的大脑发育五大黄金规律

大脑在生命早期飞速发育

刚出生的新生儿，脑重只有成年人脑重的 25%，但 6 个月的婴儿脑重就已翻倍，达到成年人脑重的 50%；2 岁宝宝脑重是成年人脑重的 75%；3 岁宝宝脑重已经接近成年人脑重，这之后大脑发育速度开始变慢。

大脑发育——错过终身遗憾

第 1 阶段
夯实基础

怀孕 3 个月～产后 6 个月

是脑细胞发育的第一个高峰期，大脑发育程度可以达到成年人的 60%～70%。

第 2 阶段
脑神经不断增多

新生儿 6 个月～3 岁

是脑细胞发育的第二个高峰期，大脑发育程度可以达到成年人的 80%～90%。

第 3 阶段
脑神经细胞不断“修剪”

3 岁～6 岁

大脑进入第三个发育高峰，大脑发育程度可以达到成年人水平。

提醒：大脑发育 = 适当刺激 + 身体健康 + 睡眠 + 营养 + 关爱

大脑发育是有规律可循的

孩子大脑皮质的发育是遵循头尾原则和远近原则的。

大脑皮质中控制头部和躯干运动的部分先行发育，而后与肢体控制有关的皮质部分才开始发育；同时，控制上肢的皮质部分发育要早于控制下肢的皮质部分发育。这与宝宝的运动发展规律是切合的。也就是说，“三翻六坐七滚八爬十二走”，背后是有大脑发育做支撑的。

提醒：一岁前常给宝宝做抚触按摩，多鼓励孩子翻身、自由爬行，能更好地刺激大脑发育。

婴儿期大脑可塑性最强

刚出生的宝宝，大部分神经元之间是没有连接的，大脑皮质的大部分区域也不是很活跃。

随着孩子接受的外部刺激越来越多，神经元连接快速增长，突触增多，而突触是孩子记忆的基础。这也是 6 岁前宝宝记东西很快的原因所在。

不过，大脑突触和神经元连接都遵循着这样一个规律，那就是用进废退。也就是那些经常被刺激的神经元和突触会存活下来，而那些不经常被刺激的神经元和突触就被废弃掉了。

提醒：孩子年龄越小，越需要更多地刺激神经元和突触，比如，多听音乐、多玩沙子和水，没事捏捏橡皮泥、搭搭积木，经常到大自然中去跑跑跳跳，能更好地刺激宝宝神经元和突触间联结。

大脑功能呈现偏侧化发展趋势

随着大脑发育，左右脑的功能开始分化，分别掌控不同的功能，并以不同的方式处理信息。

右脑控制身体左侧，负责空间、音乐、艺术、形象等。

左脑控制身体右侧，负责语言、逻辑、细节、理性等。

过度应激会损害孩子大脑

研究发现，过强或有害的刺激，比如，惊吓、恐惧、疼痛、缺氧、缺血等，都会造成大脑损伤。

曾有研究发现，那些受过虐待的孩子，大脑中的海马体的体积要比正常孩子小很多，这些孩子还或多或少存在注意力缺失、记忆障碍、情感淡漠等问题。

了解了以上几点，家长想养出聪明小孩，对孩子进行智力开发，就能少走很多弯路了。

值得一提的是，诺贝尔经济学奖获得者詹姆斯·赫克曼曾通过严谨的经济分析绘制出了“赫克曼曲线”，该曲线显示出在 0～3 岁的早期发展阶段教育和培训的投资回报率是最高的。

在这个阶段，家长给予孩子适当刺激，以及跟孩子积极互动，将会永久强化孩子的学习能力，对孩子以后的成长帮助非常大。

4 大养育策略，及早了解，助力大脑发育

策略一：给予孩子积极关爱，避免过度应激造成的大脑损伤

年龄越小的宝宝，家长越需要为其提供一个舒适而安全的成长环境，积极关注孩子的需求和情绪变化，给孩子尽可能多的关爱，孩子不受负面压力的影响，才能更好地激发潜能。

3 岁前，不建议大脑强迫孩子学习，给孩子过多压力；早期教育训练和智力开发要适度，强度过大、压力过大、内容过多都会造成大脑负担，妨碍宝宝大脑发育。

策略二：保证充足睡眠和适量运动

爱运动的孩子更聪明，这是有科学依据的。澳大利亚科学家测量了从 4 个月到 4 岁的孩子的运动能力，并追踪调查了他们进入小学后的表现，发现运动能力较强的孩子，不仅记忆能力和信息处理速度都更好，且阅读和数学能力也比其他孩子强。

美国睡眠医学学会曾对 0～18 岁孩子的最佳睡眠时间给出了建议，认为年龄越小的孩子，越是需要保证每天足够的睡眠时间和睡眠质量，这样身体各方面发展才会更好。

时间	状态
22:00	血液中白细胞数量翻倍，体温开始下降
23:00	每个细胞的修复性程序开始启动
00:00	意识开始被梦吞没，大脑还在继续运转
1:00	进入浅睡眠
2:00	除了肝脏，所有器官开始休息
3:00	动脉血压降低，脉搏和呼吸都慢下来
4:00	获得最低血液供给的大脑还不想醒来
5:00	肾脏在休息，肌肉在睡觉
6:00	身体准备好可以醒来了
7:00	免疫系统最兴奋的时刻

事实上，孩子在睡觉时，不仅身体功能，大脑也在悄悄地发育，所以要帮孩子养成从小规律的睡眠的作息习惯，不要随意打扰正在熟睡中的宝宝，这样孩子未来才会更聪明。

策略三：给宝宝提供充足的刺激和丰富的营养

1. 给予孩子充足感知觉刺激

唱儿歌、做游戏、做抚触和按摩，给孩子提供不同颜色、不同质地、不同形状的玩具等，家长可选择以上不同方法充分调动孩子的感觉系统。

须知，感知是孩子所有认知活动的开端，感知能力发展越充分，孩子的思维水平和潜能才能得到越大的激发。

脑科学专家强调，从小给予孩子多种感觉的刺激，孩子长大后更聪明。因此，家长需要保证孩子在安全环境中自由玩耍，一方面，促进其运动系统的发展；另一方面，通过运动促进大脑的发育。同时，家长鼓励孩子多听、多看、多说、多画、多探索，为孩子创设一个积极的发展环境。

2. 给孩子提供丰富的营养

研究发现，在生命的最初几年里，大脑发育会消化掉 50%～75% 的总能量。人体从食物中吸收的脂肪、蛋白质、维生素和矿物质等一多半都被大脑消耗掉。

会保证孩子的食物多样性和营养的全面性，才能更好地为孩子大脑发育提供能量。

策略四：多给孩子直观形象刺激，促进其想象与思考

6 岁前，孩子思维发展一个主要特点是直观形象式思维。比如，无论大人怎么教孩子算术，但询问孩子 1+5 等于几时，他还是会比较懵；若家长换个方式问，把 1 个苹果放到 5 个苹果堆里，一共有几个苹果？孩子可能会马上告诉你答案是 6 个。这是因为家长给了一个具体而形象的提问方式，孩子在脑海里能形象地构想出这样的情景。

对于刚学会爬、会走的孩子家长会十分头疼，孩子逮着什么啃什么；玩具拿起来就往地上扔；一盒纸巾大人转身的工夫全都扯了出来，撕成小碎片；大一些的孩子，让他画画，通常在画之前孩子并不知道自己要画什么，但完成后他会根据画出的图画告诉你是什么，甚至给你编个天马行空的故事。

所以，对于这个阶段的孩子，只需要多给孩子刺激就好，多让他去看、去观察、去模仿，在这个过程中，他就在学习、在思考。

运动才是孩子大脑的“聪明药”

运动前后，脑活跃度不一样

运动能使孩子的大脑变得强大，运动是感知觉发展的重要组成部分，在持续接受各种信息的过程中，神经元和轴突等神经纤维不断形成和延伸，从而使得大脑的重量也逐渐增加。主要表现在注意力更集中、大脑更活跃、记忆力更好、认知能力提升等方面。

身体静止时的大脑

研究表示，当孩子的身体保持静止状态一段时间，流向孩子大脑的血流量会减少，神经递质分泌停滞。

身体运动时的大脑

当孩子运动的时候，流向孩子大脑的血流量增加，神经递质分泌量提高。更重要的是，刚进入运动状态的大脑，会新产生更多细胞白质和灰质。

运动使孩子的专注力更好

人在运动时，身体会产生多巴胺、血清素和去甲肾上腺素，这三种神经递质会促进神经元的连接，并促进大脑发育。

- 运动时，大脑需要适应快速反应，从而建立起“即时效应”。
- 运动使大脑对外界的反应更加敏感和灵活。
- 运动带来的最大转变是对大脑产生“保护效应”。

能玩耍、会运动，大脑突触连接更好

科学家拿小白鼠做实验，发现经常运动的小白鼠负责记忆的海马体，比不运动的小白鼠的大了 15%，重了 9%，神经细胞的树状突和突触增加了 25%。

从小坚持运动的孩子，大脑会悄悄发生惊人的变化，会比同龄孩子更聪明。

玩耍时做轻松愉快的活动、游戏，不仅可以锻炼孩子的身体，还能够提高孩子探索未知事物的兴趣，提高思考能力和独立解决问题的能力等。相较于玩耍，游戏则侧重于规则，形式可动可静。

儿童运动的选择应满足多样性，包含多种目标、环境、形式和强度。

多种目标	发展基本动作技能、锻炼心肺、强化骨骼肌肉、发展平衡能力等
多种环境	室内、户外、地面、水中、冰雪环境等
多种形式	独自游戏、亲子游戏、同伴游戏等
多种强度	低强度、中等强度、高强度（剧烈运动）

儿童运动类型推荐

0~1岁

俯卧抬头、翻身、手脚触碰床铃、婴儿被动操、玩玩具等。

1~3岁

以玩的形式达到运动的目的。比如，宝宝爬行、快步追逐玩具、上下台阶、抛投小皮球、捡树叶、玩沙子、牵着玩具跑等。

3~5岁

室外玩耍、接近真正形式的运动。短时间低强度的跑步、拍球、跳绳等。

5~6岁

初步达到真正形式的运动。骑车、溜冰、游泳、舞蹈、打球、跑步、爬山等，还可以做一些夹弹珠、夹豆子等锻炼。例如，使用筷子，不但可以锻炼孩子做精细动作的能力，这还可以提升大脑功能。

运动可以避免“脂肪脑”，提升智力发育

科学证明，如果摄入的脂肪过多，孩子容易生成“脂肪脑”，即脂肪在脑组织里堆积过多，大脑沟回的褶皱较少，皮层平滑，影响孩子智力的发育。体重超过正常儿童体重20%的孩子，其视觉、听力、接受知识的能力都会处于一个较低的水平。因为身体内过多的脂肪会进入肥胖的孩子脑内，妨碍神经细胞的发育和神经纤维的增生。

相关研究发现，小时候运动能力比较强的孩子，后来的工作能力和信息处理速度都更好。

能够促进孩子智力发育的运动项目推荐如下：

羽毛球

手眼动作协调是指人在视觉配合下手的精细动作的协调性，是由小肌肉的能力配合知觉能力组成的。孩子的双手会根据知觉信息而改变活动的方向及力度，可以锻炼手眼协调能力。

孩子手眼动作的协调是随着神经的发育而逐渐发展的，这个过程可促进小肌肉与知觉协调运行，让孩子更好地适应环境，进而促进孩子智力的发展。

舞蹈

任何舞蹈动作的完成，都是身体条件反射的反馈与实现。除了靠自身舞蹈经验和模仿他人的动作外，更重要的是在积极思维的指导下进行反复练习。只有不停地提升记忆力，才能提高动作学习效率，更高质量地完成舞蹈动作。

实验显示，让经过舞蹈学习和没学习过舞蹈的孩子完成同一件事，前者用时是 8.9 秒，而后者却用了 13.24 秒。

研究显示，运动还能加快孩子的大脑神经纤维髓鞘化，使得神经传导速度更快，反应更为机敏。

总之，越爱运动的孩子，其脑源性神经营养因子就会产生得越多，而这些营养因子可以帮助海马体进行记忆和学习，增强记忆力。因此运动对儿童智力的发展很有帮助，它能够给大脑提供更多的养料和氧气，促进脑细胞的正常发育，增强孩子的心肺功能，让孩子的体力和精力更充沛。

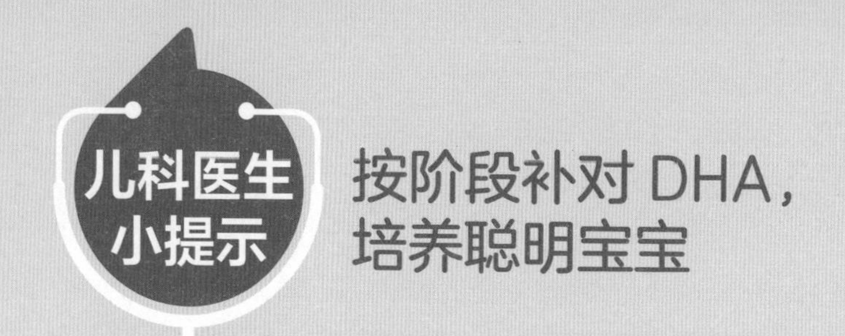

按阶段补对 DHA，培养聪明宝宝

DHA 就是二十二碳六烯酸，是人体所必需的一种多不饱和脂肪酸，也是大脑和视网膜细胞的重要成分，**并且人体无法通过自身合成**。

婴幼儿是大脑发育黄金期，根据中国营养学会推荐，孕期和哺乳期的妈妈**每天应摄入 200 毫克 DHA**。

母乳喂养的宝宝，满足上面条件的，不需要特意补充。

其他宝宝，**每天应摄入 100 毫克 DHA**。

怎么加

从食物中获取 DHA，比较好的选择是深海鱼等海产品。根据美国食品药品监督管理局（FDA）建议，每周应该保证吃 2 次鱼。

不同年龄儿童的建议吃鱼量

年龄	建议吃鱼量
1~3 岁	每周 2 次，一次约 30 克
4~7 岁	每周 2 次，一次约 70~140 克
8~10 岁	每周 2 次，一次约 140 克
11 岁及以上	每周 2 次，一次约 140~262.5 克

对于 1 ~ 3 岁的孩子，《中国居民膳食指南（2022）》中并没有单独规定每天必须摄入多少鱼肉，而是规定了每天应摄入畜肉、禽肉、鱼肉的量。

2 岁以下孩子的建议吃畜肉、禽肉、鱼肉的总量

月龄	建议量
7～9 月龄	每天摄入畜肉、禽肉、鱼肉共 50 克
10～12 月龄	每天摄入畜肉、禽肉、鱼肉共 50 克
13～24 月龄	每天摄入畜肉、禽肉、鱼肉共 75 克

大家可以把猪肉和牛肉、鸡肉和鸭肉、鱼肉等排个“值班表”，轮流翻牌。

能保证 1 周吃 2～3 次的鱼，至少 1 次是富含 DHA 的鱼就行。

对于 2～3 岁的孩子，FDA 有专门关于鱼肉摄入量的建议，孩子每周要吃 1～2 次富含 DHA 的鱼，每次约 30 克。

如果海产品膳食摄入不够，可以给孩子添加一些 DHA 补剂，一般有鱼油和藻油。

藻油的重金属富集风险低、EPA（二十碳五烯酸）含量低，腥味也没有鱼油重，很适合给宝宝和孕期妈妈添加。

	藻 油	鱼 油
来 源	提取自藻类植物	提取自深海鱼体内的脂肪
优 点	腥味更小，EPA 含量低	价格相对便宜
缺 点	价格较高	有鱼腥味，EPA 含量高（婴幼儿不需要）

最后温馨提醒：平时要多注意家庭饮食的多样性，给宝宝提供更丰富的食物。

怎么吃

蛋白质、DHA 和卵磷脂是宝宝大脑发育重要的营养物质，各种组织的新陈代谢、生长与成熟都离不开蛋白质。DHA 是人类大脑形成和智力开发的必需物质，卵磷脂含量越高，大脑神经系统传递速度也就越快，记忆力就越强。

这三种营养物质在母乳中的含量比配方奶粉中的含量要高，所以母乳喂养是最好的选择。

孕妈妈也要注意饮食，均衡营养，为宝宝的健康成长打好营养基础。建议孕妈妈从妊娠 4 个月起适当补充 DHA。在宝宝出生后，妈妈可继续服用 DHA，以通过乳汁喂给宝宝。

每天补充多少 DHA

根据《中国居民膳食营养素参考摄入量》推荐：

孕期、哺乳期，妈妈每日需补充 DHA300 毫克。

0～3 岁宝宝，每日需补充 DHA100 毫克。

3 岁以上儿童，每日需补充 DHA200 毫克。

怎么选

富含 DHA 的食物有以下几种：

母 乳

一般母乳中 DHA 的含量约为总脂肪酸的 0.3%，是 DHA 的来源之一。母乳中的 DHA 含量与母亲的饮食结构、营养状况密切相关，所以妈妈在哺乳期应多吃富含 DHA 的食物。

配方奶

配方奶粉中添加的 DHA 通常为鱼油型、藻油型两种，鱼油型 DHA 受污染概率大，因此，应以藻油型 DHA 为主。添加了 DHA 的配方奶中，DHA 含量应该达到总脂肪酸的 0.2%～0.5%。

鱼 类

大部分深海鱼体内的 DHA 是通过进食海藻得来的。DHA 含量高的鱼类有沙丁鱼、旗鱼、金枪鱼、黄花鱼、鳝鱼、带鱼、花鲫鱼等，每 100 克鱼肉中的 DHA 含量可达 1000 毫克以上。但是，鱼类不同程度会受到汞、铅等重金属或砷等有害物的污染，安全性低。

海藻类

包括海带、紫菜、裙带菜等海藻。藻油是直接从海洋藻类中提取出来的，含量高，未经过食物链传递，没有重金属污染，没有腥味，有利于婴幼儿的吸收。

干果类

核桃、杏仁、花生、芝麻等，其中所含的 α－亚麻酸可在人体内转化成 DHA。

多喝水会更聪明，不同年龄的宝宝如何正确喝水

补充充足的水分后，脑细胞之间的信息交流会更加通畅。当然，水的神奇离不开它的生理功能。

不同年龄的宝宝每天应喝多少水

年龄	说明
6 个月以内的宝宝	6 个月以内纯母乳喂养的宝宝，一般不需要额外喂水。混合喂养和吃配方奶粉的宝宝，只要奶量充足，一般也不需要喂水。但是，由于配方奶粉中蛋白质和钙的含量高于母乳，有的宝宝可能会表现出“上火”的症状，如便秘等，此时，可以在两顿奶之间少量喂水，具体加水的量，根据个体具体情况酌情调整就好，例如，按照奶与水 100 ： 20 的比例左右喂水。
6 个月到 1 岁的宝宝	宝宝满 6 个月以后每天应少量喂水，发热、腹泻或天气炎热时更需要注意补充水分，尤其是宝宝小便颜色加深变黄及小便量变少时。如果宝宝不喜欢喝白开水，也不必着急，只要水的总摄入量达到每天 900 毫升，一般不会缺水，水果和饮食中的水也是算在总摄入量里的。
1~3 岁的宝宝	1~3 岁的幼儿，建议每天水的总摄入量为（含饮水和汤、奶等）1300~1600 毫升，其中饮水量为 600~800 毫升，并以白开水为佳，少量多次饮用。一些清淡低盐汤类或羹类也是不错的选择。
3 岁以上	随着儿童年龄的增加，水的摄入量也需增加，3 岁以上儿童，每天需要饮水 800 毫升左右，这其中仅包括饮白开水的量。

给宝宝喝哪种水最好

通常建议选择白开水、矿泉水或相对清淡的汤类。1 岁以内不建议喝果汁，1 岁后也不建议喝果汁及含糖饮料，如果喝果汁，最好是稀释的纯

果汁，少量即可。当然，生病期间没有胃口或其他特殊情况，可以适量饮用果汁。

宝宝不爱喝水怎么办

很多妈妈都反映说自己的孩子不爱喝水，下面分享几个让孩子爱上喝水的小妙招。

1. 和宝宝玩喝水游戏

家长可以找来两只小杯子，在杯子里倒上同样多的水，一只杯子给宝宝，一只杯子给自己，然后和宝宝一起玩“干杯”游戏。

2. 鼓励策略

多说“宝宝好乖，喝了水就不渴了”“多喝水的孩子才是好孩子”等，宝宝会为了被夸奖而配合家长的要求。

3. 家里不存饮料

既然不想让孩子成天抱着饮料瓶，那么，家长首先就要做到不买饮料，也不在家里存放饮料。就算偶尔让孩子解解馋，也应该选择量少的饮料。

4. 家长是榜样

任何习惯的培养，家长的作用都是至关重要的。家长在喝水时，有意到宝宝面前来，同时做出夸张的动作，引起他的注意。榜样的力量是无穷的，家长不可“浪费任何”培养好习惯的机会。

5. 跟风效应

孩子们都有一个特点，就是看到其他孩子干什么，自己也会跟着干什么。建议家长在带宝宝出去玩时事先预备一瓶水，只要有其他孩子在喝水，就赶快递给宝宝水杯，一般在这时宝宝都会喝水。

6. 更换杯子

宝宝天生偏爱有动物图案的物品 ，家长可尝试准备两三个带有不同动物图案的杯子，轮换着喂宝宝喝水，或者用不同形状的器皿装水给宝宝喝，这会让他觉得新鲜有趣，喜欢上喝水。

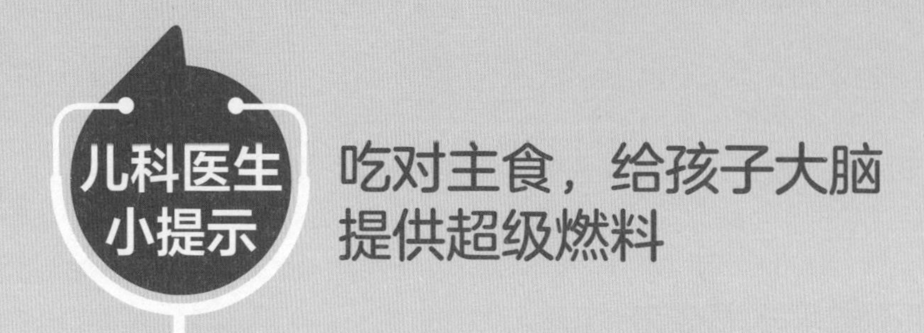

吃对主食，给孩子大脑提供超级燃料

大脑最直接的能量供应来源于糖类转化的葡萄糖，如果主食中糖类含量过低，大脑供能不足，就会出现头晕、疲劳、注意力不集中等情况。如果家长希望自己的孩子拥有清晰的思维和理性的行为，那么，就得保证其获得稳定而均衡的葡萄糖（主食）的摄入量。

想给大脑提供均衡持续的能量，除了必须吃足够的主食以外，主食的选择也非常重要。可以根据主食释放糖类的速度，将主食分“快速释放类”和“缓释类”。一般像精米、白面制作的食物，比如，白馒头、白面包、白米饭中的糖类进入人体后释放葡萄糖的速度过快，会迅速升高血糖，同时，刺激身体大量释放胰岛素，很多葡萄糖被转移到血液之外以维护身体健康，人体血糖反而会降低，导致大脑供能直线下降，从而引起血糖的波动；杂粮等全谷类食材，释放糖类速度较慢，可以持续平稳地给身体提供能量。

吃对主食的要点：

1. 粗细搭配，不要全部摄入精米、白面，正餐主食里搭配小部分粗粮、杂豆和薯类，不但提供了丰富的营养素，而且能降低糖类释放葡萄糖的速度，给孩子提供持续稳定的大脑供能。

2. 将主食搭配蛋白质类的食材一起食用，同时，配以蔬菜、水果，让能量得以持续供应。

3. 避免食用过度加工的主食。

必需脂肪酸，维持大脑的顺畅运作

要想在智力上有好的表现，身体和精神更加健康，那就离不开脂肪；

大脑中固体物质的 60% 是由脂肪组成，足量的优质脂肪是构建大脑的原材料；脂肪由甘油和脂肪酸组成，其中甘油的分子比较简单，而脂肪酸的种类却不相同，因此，脂肪的性质和特点主要取决于脂肪酸，自然界有 40 多种脂肪酸，其中有几种多不饱和脂肪酸是人体必需而自身又不能合成的，需要通过食物供给，被称为必需脂肪酸。

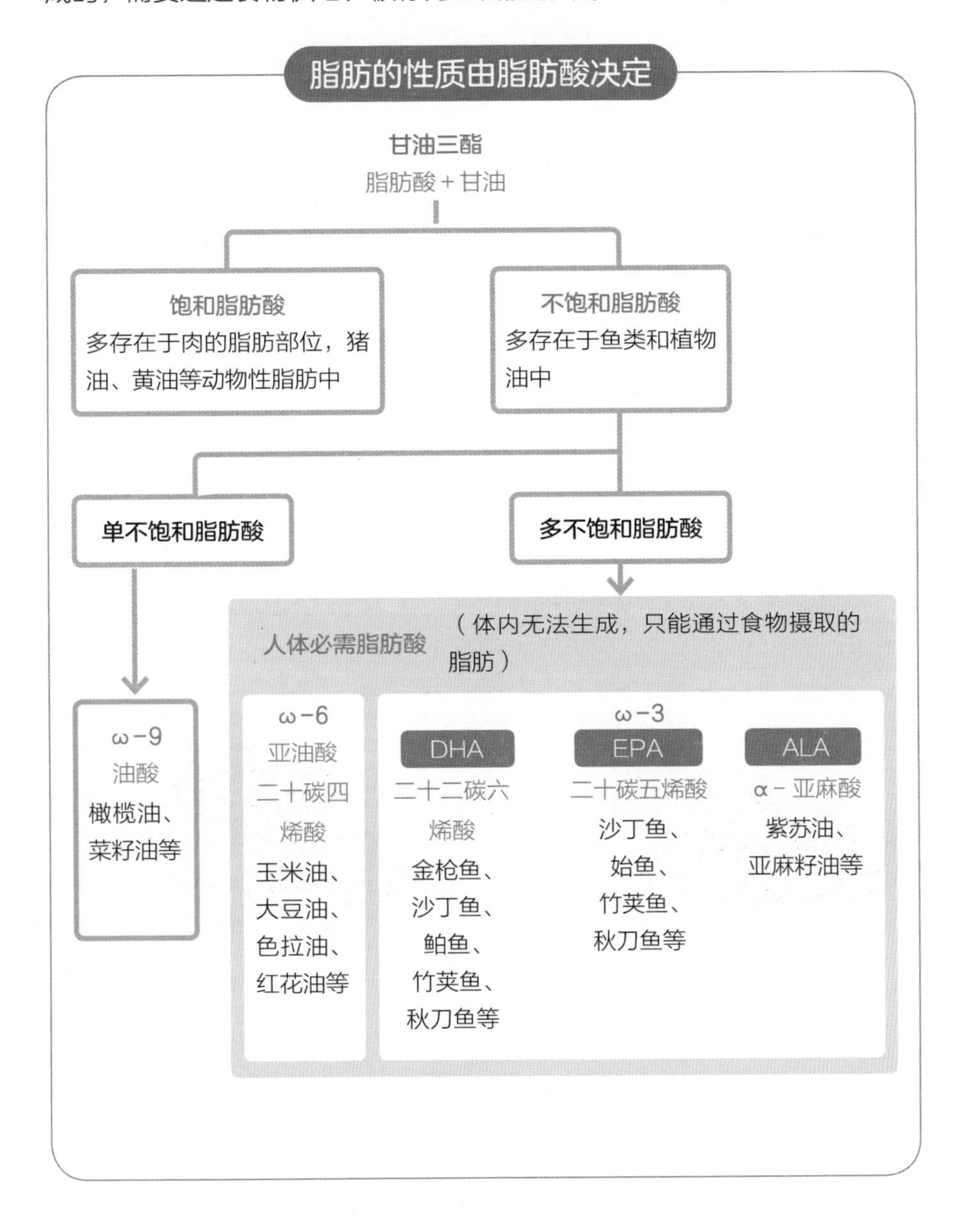

提供必需脂肪酸饮食的要点：

1. 鱼类，尤其是深海鱼的鱼油里富含 DHA，人体可以直接吸收利用。每周吃 1 次深海鱼就可以获取丰富的 DHA，如鲑鱼、金枪鱼、小黄花鱼、秋刀鱼、鲅鱼等。

2. 补 DHA 特别推荐淡水鱼中的鲈鱼：淡水鱼体内所含的 DHA 要远低于海鱼，但有的淡水鱼也含有丰富的 DHA，比如，测定数据表明鲈鱼就很不错，不逊色于海鱼。每周可以吃 1～2 次淡水鱼，建议多选择鲈鱼。孩子每周吃 2～3 次鱼类，每次 100 克左右即可。

3. 植物种子中也富含各种不饱和脂肪酸，亚麻籽、南瓜子、芝麻、核桃等，建议每天给孩子吃 1 汤匙的植物种子以补充各种对大脑有益的脂肪酸。亚麻籽是陆地植物含 α－亚麻酸最丰富的植物，因此，可以把亚麻籽打碎混合其他植物种子一起食用。也可以选择一小瓶亚麻籽油，和香油混合后做成调味油，但注意不要加热食用，因为这种脂肪酸十分不耐热。

4. 推荐一份植物种子搭配：（简单易做的健脑益智食品）

将 1 份芝麻、1 份葵花子、1 份南瓜子、3 份亚麻籽混合，提前炒熟后低温烘焙干，磨成粉，每天早餐取 1 勺。

日常饮食中，每天吃适量植物种子或坚果，每周吃 2～3 次鱼（1 次海鱼），基本可以保证摄入充足的必需脂肪酸了。

磷脂是大脑中的“智慧”脂肪

大脑的神经细胞轴突外包裹着一层髓鞘，磷脂参与了髓鞘的构成，从而促进了大脑中各种信号的顺畅流通与传播。正是磷脂这种物质，使得孩子的大脑可以“欢快地唱歌”，孩子才能心情愉快、思维清晰。磷脂分为两种，一种叫作磷脂酰胆碱（俗称卵磷脂），一种叫作磷脂酰丝氨酸，它们是以胆碱和丝氨酸为基础生成的。摄入有益脂肪或者直接食用胆碱和丝氨酸食品，对儿童的大脑会产生许多意想不到的好处，胆碱是一种大脑中和记忆力相关的神经递质，大多数人记忆力衰退都是由于脑细胞中缺乏胆碱。

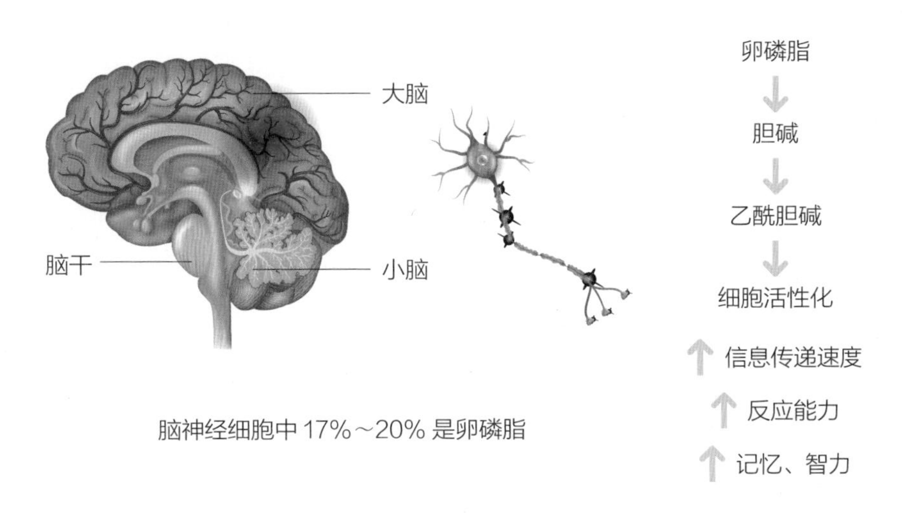

脑神经细胞中 17%～20% 是卵磷脂

美味可口的鸡蛋是世界上胆碱含量最高的食品，同时，也富含磷脂酰丝氨酸和卵磷脂，每天一个鸡蛋有益于维持大脑聪慧、增强记忆力。其他磷脂丰富的食物还有动物肝脏、大豆、大豆制品，以及花生和其他坚果。建议每周给宝贝吃 1 次动物肝脏，吃豆制品不少于 4 次，根据宝宝的年龄每天安排 5～10 克坚果，每天吃 1 个鸡蛋。

优质蛋白，大脑中的信使

磷脂可以使大脑神经元受体处于最佳状态，也就是说，它能增强大脑的信息接收能力，或者形象地说，能改进大脑的“听力”，而氨基酸（蛋白质的组成成分）可以增强大脑的信息表达能力，即大脑“说”的功能。大脑的信息传递离不开神经递质，体内神经递质含量的高低，直接影响着心情、记忆力和大脑的敏锐度。许多神经递质是由氨基酸组成的，其中有些氨基酸是人体无法合成的，补充这些必需氨基酸最好的办法就是食用优质蛋白。

让孩子从膳食中获取充足的氨基酸，才是促进大脑健康发育的“正道”，其重中之重就是保证孩子每天都摄入足量的优质蛋白质。

优质蛋白质的来源：禽畜肉、鸡蛋、牛奶及其制品、鱼虾贝类、大豆及大豆制品。

6 岁儿童建议摄入量（每天）

1. 禽畜肉：40 克
2. 鸡蛋：1 个
3. 水产：40 克（不能保证每天食用可在一周内均衡摄入）
4. 牛奶：300 毫升
5. 豆制品：15 克

注：以上数据来源于《中国居民膳食指南（2022）》

梁医生有话说

患多、患寡，尤其患不均

给孩子补充优质蛋白，一定要适量、适度。很多孩子不爱吃肉，这样很难保证优质蛋白的摄入；也有孩子特别爱吃肉，吃过多也不好，因为吃过多的肉，对消化系统也有影响，也会增加一些疾病的患病风险。因此，吃肉这件事，多也不好，少也不好，均衡最重要，可参考上面的推荐量。

维生素、矿物质，使大脑高效运转

在大脑这个广阔的“舞台”上，维生素和矿物质就是“幕后英雄”，虽然没有聚光灯下的万众瞩目，也没有摄像机前的特写镜头，但在大脑运作中却起着至关重要的作用。

维生素和矿物质可以帮助人体把葡萄糖转化为能量，也能帮助氨基酸转化为神经递质，把必需脂肪酸转化为DHA……同时，还有抗氧化、维护细胞健康、维持情绪平稳等强大作用。维生素和矿物质对人体的健康、大脑正常运转和发育至关重要。与大脑健康密切相关的维生素和矿物质，有B族维生素、维生素C、钙、镁、锌等。

补充维生素、矿物质饮食要点：

1 B族维生素是人体情绪的“晴雨表”，情绪低落、紧张、易怒都与缺乏B族维生素有关。膳食中B族维生素主要来自各种粗杂粮和蔬菜，动物内脏和肉类里也富含B族维生素。

2 维生素C可以平衡神经递质，可以缓解抑郁症等。主要来源于新鲜的蔬菜和水果。

3 钙和镁是天然的镇静剂，感到紧张、焦虑、无法放松时，家长可能会为孩子寻求心理治疗或药物治疗，其实钙和镁有种神奇的魔力，可以放松神经和肌肉细胞，从而使孩子感觉身心放松，帮助孩子安然入睡。钙主要来源于牛奶、豆制品、绿叶蔬菜和坚果；镁主要来源于绿叶蔬菜和坚果。

4 锌是智慧之花，主要来源于海产、动物内脏和肉类，种子、坚果和谷物胚芽中也含有丰富的锌。含锌最丰富的是牡蛎。

远离扰乱大脑的抗营养物质

这七种“伤脑”食物，你家饭桌上有吗

家长都希望自己的孩子聪明可爱、脑子快，于是，不断地给宝宝补充“精致”的营养。然而，哪些食物会在不知不觉中损害大脑系统，哪些食物有利于保护大脑？作为家长一定要知道，不要在不知不觉中影响孩子的脑发育。

精米、白面类

有句话很有用：吃米，但不吃米糕；吃面粉，但不吃蛋糕。精米、白面是日常主食，然而，在制作的过程中，有益的成分已丧失殆尽，剩下的基本上都是糖类，“精致”不代表有益，粗茶淡饭更有利于孩子健康成长。

爸爸妈妈可以给孩子吃一些粗粮，比如在饭里加一些杂豆，如芸豆、红豆、豌豆、鹰嘴豆等。

高盐的食物

持续摄入过量的盐，会导致摄入过多的钠，钠超标会使得脑细胞呈缺血、缺氧状态，加速脑细胞老化。饮食力求清淡，限制食用加入过量盐的食品，如腌腊制品、咸鱼等。

清淡饮食习惯要从辅食期养成，这是受益终生的事，妈妈要避免腌菜、咸菜等高盐食物进入孩子食单中。在零食中，话梅、薯片、椒盐花生里盐含量也很高，妈妈也要注意。

人工色素

如今的儿童食品名目繁多、包装考究、色彩绚丽，其中一些含有色素的“彩色食品”潜伏着危害儿童健康的隐患。过量或者长期食用，对儿童健康发育有害而无益。摄入过量合成色素还会引起过敏症，如哮喘、喉头水肿、鼻炎、荨麻疹、皮肤瘙痒以及神经性头痛等。某些人工合成的色素作用到人的神经，会影响神经冲动的传导，从而伴随一系列症状的出现。

避免人工色素的影响要从日常饮食中注意，买加工食品时，尽量选择不加任何人工添加剂的食品，在购买一些颜色鲜艳的食品或饮料时更要慎重。让儿童多吃一些天然食品，食物越自然，对孩子越好。

过量糖

糖是典型的酸性食品，如果饭前吃多含糖分高的食物，害处尤其明显。因为，糖分在体内过多，会使血糖上升，感到腹满胀饱。长期大量食用糖容易造成龋齿，使孩子形成酸性体质，影响孩子的智力发展。

隐形糖在孩子的生活里比比皆是，比如，甜品、饮料、冷饮、糖醋口味的菜肴，这些都是妈妈要控制的糖分摄入。如果一定要喝饮料，要选择含糖量低的饮料。但是，给孩子最好的饮料是白开水。从小养成喝白开水习惯的孩子长大后不易肥胖，也不会受到糖精、香精的伤害。

过量肉食

不少爸爸妈妈为了使孩子身体健康，每天给孩子吃多种肉类食品，几乎一日三餐都煮肉汤，或者是煮肉粥给孩子吃。据科学分析，如偏食肉类，会使人的体液趋向酸性。人体长年累月地积累酸性，便会导致大脑反应迟钝。

孩子的饮食要均衡，不要偏食肉类也不要不吃肉，因为合理的蛋白质摄入对孩子的大脑发育也是有益的。

味精

味精的主要成分为谷氨酸钠，在消化过程中能分解出谷氨酸，一旦过量，就会转变成一种抑制性神经递质。当宝宝吃了过量味精后，还容易导致体内缺锌。大脑发育从胎儿时就已经开始了，所以孕妈妈也要注意补充营养 (营养食品) 物质，特别是 DHA 及叶酸的补充。

宝宝的饮食习惯要从小养成，尽量保持体内的酸碱平衡。酸性食物包括鱼肉类及精食类，碱性食物包括水果及蔬菜类。要特别提醒的是：酸碱是指食物的性质而非味道。

膨化食品

膨化食品因其具有酥、脆、香、甜等味道特点，颇受儿童的喜爱。不过，医学专家认为，膨化食品不是健康食品，如果孩子长期食用这类食品，对大脑和体质的发育都是有害无益的。美国营养食品专家多年前就提出过忠告：膨化食品中存在较多有害金属元素铅或铝，家长不应常让孩子吃这些食品。

儿童处于生长发育阶段，对铅的吸收量是成年人的数倍，而孩子对铅的排泄功能比较弱，这就更容易将铅蓄积在体内。当有害重金属累积到一定量的时候，就会对儿童的神经、消化、造血等系统造成明显损害，尤其会导致认知障碍或思维能力下降，甚至有可能影响孩子的终生健康。

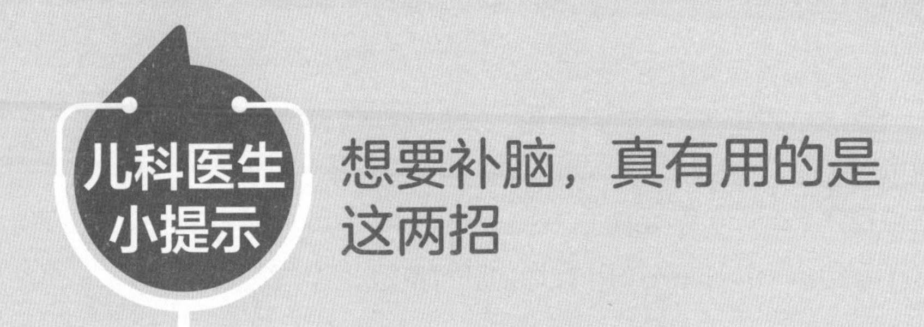

想要补脑，真有用的是这两招

最强补脑搭档：DHA+ 蛋白质

DHA 是孩子大脑和视网膜的主要营养成分。《中国居民膳食营养素参考摄入量（2022 版）》建议，宝宝从出生开始就应该注意补充 DHA，可以一直补到长大。

WHO 推荐：

0～6 个月：DHA 要占宝宝摄入脂肪酸的 0.2%～0.36%（母乳中 DHA 的比例大约为 0.35%）。

6～24 个月：DHA 每日摄入 10～12 毫克 / 千克。

DHA 的最好来源是母乳，除此之外还有：

1. 蛋类

鸡蛋平均含 DHA20～50 毫克 /100 克，在宝宝能添加辅食后，要及时给宝宝添加鸡蛋。

2. 海产品

6～12 个月：每周吃 1 次富含 DHA 的海产品，每次约 30 克。

12～36 个月：每周吃 2～3 次富含 DHA 的海产品，每次约 30 克。

3. 藻类

比如，海带、紫菜、裙带菜，也都含有一定量的 DHA。

4. 蛋白质

蛋白质是大脑细胞发育的基础。所以，除了 DHA，蛋白质也是促进大脑发育不可缺少的营养素。

牛奶、鸡蛋、瘦肉、大豆类都是优质的蛋白质来源。

《中国居民膳食营养素参考摄入量（2022）》中提出：6 个月～4 岁的孩子每天需要摄入 20～30 克蛋白质。

提醒：不要给孩子补充蛋白粉，会增加肝肾负担，影响健康。

胆碱：有了它，DHA 更好吸收！

什么是“胆碱”，简单说就是一种能和 DHA 一起帮助大脑发育的重要物质。

科学家做过一个小实验，第一组小鼠只补 DHA，第二组小鼠胆碱和 DHA 一起补，结果第二组小鼠的海马神经元数量增加得更多。

胆碱是卵磷脂和鞘磷脂的组成成分，是有益于记忆储存的重要营养物质，尤其在大脑发育阶段，它能影响宝宝神经管闭合、终生记忆力和学习能力。

联合国标准中，已经将胆碱列为婴幼儿配方食品中的必需成分。根据《中国居民膳食指南》建议，宝宝 6～12 个月每天应补充胆碱 150 毫克，12～24 个月每天应补充 200 毫克。

胆碱主要存在于肉类、肝脏、蛋类里面。

常见食物的胆碱含量（毫克 /100 克）

肉类		蔬菜、水果	
牛肝	418.22	西蓝花	40.06
鸡肝	290.03	菜花	39.1
鸡蛋	251	菠菜	22.08
培根	124.89	牛油果	14.18
大豆	115.87	香蕉	9.76
猪里脊	102.76	橙子	8.38
鳕鱼	83.63	葡萄	7.53
鸡肉	78.74	草莓	5.65
牛肉	78.15	西瓜	4.07
虾	70.6	苹果	3.44

专题：大脑发育最常见的 4 个误区，家长必知 

误区一：头围大或增长快的孩子肯定聪明

这个说法看似挺有道理的，例如，宝宝头围大说明脑容量大，大脑发育好的孩子自然更聪明。但实际上，这种说法是毫无科学依据的，目前也没有证据证实宝宝头围大等于智商高的言论。

宝宝是否聪明的关键因素，不是看大脑的重量，而是看大脑的发育情况。要想促进宝宝大脑的发育，家长平时应多培养宝宝爱动脑的习惯，加强宝宝的思维能力和分析力，可以陪宝宝玩一些智力游戏，或是多与他交流，锻炼他的反应速度。除此之外，让宝宝多参与运动，也可以激发神经元的活跃性。

误区二：聪明的孩子囟门闭合得晚

囟门是宝宝颅骨间的骨缝形成的间隙。宝宝刚出生时，颅骨往往还没有完全成熟，这个间隙就是留给宝宝颅骨和大脑继续生长的空间。

随着宝宝年龄的增长，囟门会逐渐闭合。那么，是不是宝宝囟门闭合越晚越聪明？事实并非如此，囟门闭合的早晚和宝宝的智商并无联系。相反，囟门过早或过晚闭合，对宝宝可能还有危害。

一般来说，96% 的宝宝在 2 岁前囟门完全闭合是正常的，只有很少一部分宝宝是在 3 个月前，或者 2 岁后才闭合的。囟门闭合过早，可能是宝宝脑发育不良的表现；而囟门闭合过晚，不排除宝宝患有甲减、佝偻病等疾病。因此，宝宝的囟门闭合过早或过晚都不好。如果宝宝到了 2 岁囟门还没有完全闭合，那么，家长就有必要带宝宝就医了。

误区三：左撇子比右撇子的宝宝更聪明

左撇子，顾名思义，就是用手习惯和大多数人不一样，大多数人喜欢用右手做事，而左撇子的人往往习惯用左手做事。也因此，很多人往往喜欢给这类人贴上一些神秘标签，典型的说法就是：左撇子的人更聪明！

有人认为，史上最伟大的科学家爱因斯坦和牛顿都是左撇子，所以，左撇子的人肯定都聪明；也有人认为，普通人很难做到用左手写字，左撇子的人拥有常人不具备的能力，所以这类人往往比普通人更聪明。其实，左撇子更聪明这一说法并未被证实是真实的。

唯一有优势的，也许就是左撇子的人在运动对抗方面，能力更突出一些。因此，家长不必因为自家孩子是左撇子就沾沾自喜；也不必为了让孩子变聪明，特意让孩子用左手写字；更不必为了迎合大众，让原本习惯左手做事的孩子，艰难地改成右手。

孩子之所以是左撇子，很大可能与基因有关。家长最该做的，是应遵循每个孩子的成长规律，顺应孩子最舒服的方式生活。

误区四：睡觉多的孩子更聪明

在判断孩子是否聪明的问题上，有的家长还喜欢拿孩子的睡眠时间长短做参考依据。有人说，孩子睡得越多越聪明，也有人认为，孩子睡得越少越聪明。

美国儿科学会这样分析过：由于孩子的基因、性格、家庭环境等因素的不同，有些孩子觉多一些，有些孩子觉少一些。这都是再正常不过的事了。

况且，随着年龄的增长，孩子每天所需的睡眠时间是不一样的。对于新生儿来说，每天的睡眠时间通常在 18～22 小时；而对于 3 岁的孩子来说，通常每天只需要睡 11～14 个小时就够了。如果按照睡眠越多，孩子就越聪明的说法来看，那岂不是 3 岁孩子的智商还没有新生儿的智商高？因此，这个说法并没有说服力。

第五章

掌握小病应对方案，家长心不慌

年龄分期是孩子病情确诊的重要指针

儿童的生长发育是一个连续渐进的动态过程，不应被人为地割裂认识；但是，在这个过程中，随着年龄的增长，儿童在解剖结构、生理功能、心理活动和疾病特点等方面确实表现出与年龄相关的规律性。因此，在临床实际工作中，将儿童年龄分为 6 个时期（中西医相同），以便熟悉掌握。

儿童年龄分期与特点

分期	时间段	特点	注意事项
胎儿期及围生期	胎儿期是指从受精卵形成至胎儿娩出，约 40 周，其中围生期是指孕 28 周到产后一周这一时期	依赖母体进行生长发育，孕妈妈的健康对胎儿的存活和生长发育有直接影响	注意孕妈妈身心健康，少受外界不良影响
新生儿期	为自胎儿娩出脐带结扎开始至未满 28 天前，也就是俗称的“满月”前	脱离母体独立生活，但机体发育尚未成熟，适应外界环境的能力差	发病率和死亡率高，尤以早期新生儿（第 1 周）为最高
婴儿期	自出生后到满 1 周岁之前	生长发育迅速，对能量和营养素的需求量相对较高，与消化吸收功能不完善之间存在矛盾	容易发生消化功能紊乱和营养障碍性疾病，易发生各种感染性和传染性疾病

续 表

分 期	时间段	特 点	注意事项
幼儿期	自1周岁至满3周岁之前	活动范围扩大，接触事物渐多，好奇心强，对危险的识别和自我保护能力差	意外伤害发生率非常高
学龄前期	自3周岁至入小学前（6~7岁），也就是俗称的“幼儿园”期	免疫功能逐渐成熟，自身免疫性疾病和恶性肿瘤发病率增高	此阶段是发热、咳嗽和便秘高发期，若处理不当，会留下很多后遗症，影响终身
学龄期	自入小学（6~7岁）至青春期前，也就是俗称的“小学生”期	除生殖系统外，其他系统发育接近成年人，免疫性疾病和恶性肿瘤发病率较高	容易发生近视、龋齿、心理和行为障碍

生病了，化验单看不懂，医生没说的都在这里

经典案例分析

妈妈凭经验胡乱给娃吃退热药，使孩子肝功能衰竭

都说“一胎照书养，二胎照猪养”，这句话用在小兰身上真的特别贴切。

大宝佳佳出生的时候，小兰查各种资料、买育儿书、听育儿课，孩子稍微有点不舒服，肯定马上去医院。

到了二宝乐乐，小兰觉得自己已经是一个“战斗”经验丰富的妈妈，经常凭着自己的感觉给孩子用药。

进入秋天后，乐乐就患了感冒，咳嗽，还有点低热。

姥姥准备带孩子去医院，结果被小兰阻止了，说这点小毛病完全没必要去医院，直接给乐乐吃了感冒药和退热药。

吃了几天药后，乐乐的热是退下去了，但是，整个人变得很没有精神，皮肤也变得黄黄的，小兰这才觉得不对劲，带着乐乐去了医院。

经过检查，发现乐乐的凝血功能有明显异常，还出现了急性的肝功能衰竭症状。

而小兰自己也说不清楚都给孩子吃了哪些药，只能看着医生将乐乐转入了 ICU 病房进行治疗。

幸运的是，经过紧急治疗，乐乐捡回了一条命。

医生说，导致乐乐急性肝功能衰竭的元凶是过量的退热药，很可能就是因为小兰给孩子吃了对肝肾有损伤的感冒药。

孩子生病，千万别忽视血常规

检验报告单

姓名：　性别：　年龄：　样本号：　病人类型：门诊

住院号：　科室：　床号：　送检者：　标本类型：全血

代号	项目	结果	单位	参考范围	代号	项目	结果	单位	参考范围
WBC	白细胞数目	5.40	10^9/L	4~10	MCV	平均红细胞体积	81.7	fL	80~100
Neu#	中性粒细胞数目	3.10	10^9/L	2~7	MCH	平均红细胞血红蛋白含量	27.5	pg	27~34
Lym#	淋巴细胞数目	1.58	10^9/L	0.8~4	MCHC	平均红细胞血红蛋白浓度	336	g/L	320~360
Mon#	单核细胞数目	0.51	10^9/L	0.12~1.2	RDW-CV	红细胞分布宽度变异系数	13.9	%	11~16
Eos#	嗜酸性粒细胞数目	0.21	10^9/L	0.02~0.5	RDW-SD	红细胞分布宽度标准差	41.4	fL	35~56
Bas#	嗜碱性粒细胞数目	0.00	10^9/L	0.00~0.1	PLT	血小板数目	274	10^9/L	100~300
Neu%	中性粒细胞百分比	57.4	%	50~70	MPV	平均血小板体积	7.3	fL	7~11
Lym%	淋巴细胞百分比	29.3	%	20~40	PDW	血小板分布宽度	16.1		9~17
Mon%	单核细胞百分比	9.4	%	3~12	PCT	血小板压积	0.201	%	0.108~0.282
Eos%	嗜酸性粒细胞百分比	3.9	%	0.5~5	P-LCC	大血小板数目	34	10^9/L	30~90
Bas%	嗜碱性粒细胞百分比	0.0	%	0.0~1	P-LCR	大血小板比率	12.6	%	11~45
RBC	红细胞数目	4.47	10^12/L	3.5~5.5					
HGB	血红蛋白浓度	123	g/L	110~160					
HCT	红细胞压积	36.5	%　L	37~54					

DIFF　LAS　MAS　WBC　LAS　MAS　RBC　fL　PLT　fL

检验者　审核者　送检日期：- -　检验日期：2023-5-21　打印时间：2023-5-21 10:36:12

（本结果仅对该样本负责！）

血红蛋白

血红蛋白偏离正常值，并且平均红细胞容积（MCV）> 100，说明孩子可能为巨幼细胞性贫血。主要治疗方法为，多摄入肉类、新鲜蔬菜，增加体内维生素 B_{12} 和叶酸的含量。

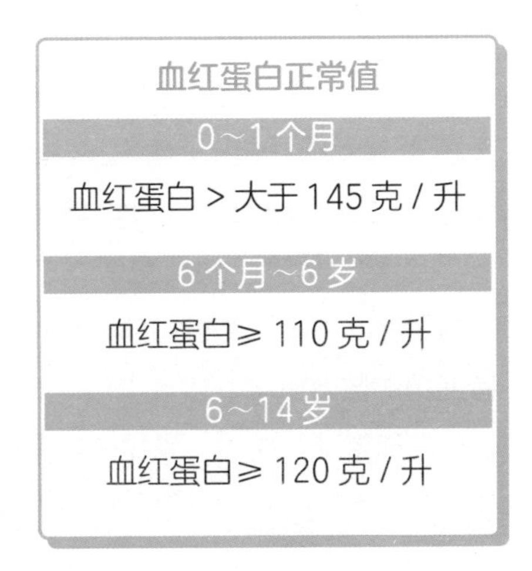

注：单纯的缺铁性贫血，0～4 个月建议补充口服铁剂。6 个月～1 岁，辅食加入瘦肉、强化铁米粉、动物肝泥等含铁丰富的食物。1 岁后，注意饮食多样均衡，注意补铁的同时，也要多摄入维生素 C 丰富的蔬果，能够提高铁的吸收率。

CPR

CPR 指的是 C 反应蛋白，是天然免疫系统的主要成分，对感染、炎症和组织损伤等能够发生急性反应，是炎症的常见指标，能够提示有感染性疾病。

白细胞也可以判断孩子是不是细菌感染，但 CRP 更敏感一些，它比白细胞出现的时间更早。同时，CRP 还是疾病全身反应的指标，如果数值高出正常值数倍，往往提示患者身体的多个脏器受到损伤。另外，CRP 还和一些严重疾病有关系，比如，川崎病、风湿热等。

中性粒细胞的百分率和绝对值

1. 中性粒细胞的百分率，数值越高，说明疾病还在发展，而且有可能进一步加重。中性粒细胞主要是针对细菌的，当孩子的身体受到细菌感染的时候，中性粒细胞就会增加以杀死细菌。如果中性粒细胞百分率降低，淋巴细胞百分率相应地就要升高，说明孩子可能是病毒感染。

2. 中性粒细胞的绝对值，如果低于正常值，说明有病毒感染。中性粒细胞的绝对值越低，说明病毒感染的程度越严重。如果高于正常值，说明是细菌感染。

白细胞

白细胞计数增多，常见于细菌感染、严重组织损伤、某些病毒感染（流行性乙型脑炎、传染性单核细胞增多症）、类白血病反应等。白细胞的数值越高，说明细菌的毒力越强或者细菌的数量越多。

白细胞计数减少：常见于某些传染病（病毒性肝炎、沙门菌属感染等）、再生障碍性贫血、恶性组织细胞病等。

白细胞计数正常值
新生儿
（15.0～20.0）$\times 10^9$/L
6 个月～2 岁
（11.0～12.0）$\times 10^9$/L
儿　童
（5.0～12.0）$\times 10^9$/L

血小板

正常范围：（100～300）$\times 10^9$/L

血小板（PLT）的数值越高，说明孩子感染的次数越多。

发热、感冒、咳嗽，一次说透

不是一发热就要去医院

孩子一发热就要去医院吗？这个是不一定的，要根据孩子的身体状态来判断。如果孩子精神状态好，嬉戏如常，那么，可采用补充水分、降低环境温度、减少衣物、温水擦身等较为简易实用的物理降温方法来缓解感冒，观察一段时间后再决定要不要去医院。下面就介绍几种不同程度发热的处理方法。

不同程度发热的护理

在日常生活中，当孩子体温升高时，应根据其状态和发热程度给予相应的护理。

体温 < 38℃

经测量，体温在 37.5～38℃，为低度发热，如果孩子的精神状态不错，可以在家中观察，给孩子多补水（未添加辅食时可勤喂奶）的同时采用物理方式退热，如除去多余衣物、降低室内温度等。

如果孩子不喜欢喝白开水，可以榨一些西瓜汁或者梨汁给孩子饮用，不仅能补充水分，还可以有效地帮助降温。

体温在 38～39℃

当体温在 38～39℃时，属于中度发热。当体温高于 38.5℃时，可能需要服用退热药。

体温在 39.1～41℃

体温超过 39℃则为高度发热。高热时，最易发生惊厥。若发生惊厥，应迅速让孩子侧躺，使头部偏向一侧，以免分泌物或呕吐物呛入气管导致窒息。这时应解开衣扣、衣领、裤带，积极降温，同时，立即叫急救车，切勿延误。

如何温水擦浴

当发热让孩子极度不适，或者孩子呕吐时，可使用温水擦身，也可配合退热药。

水温与体温差不多

如果孩子体温在 38℃左右，用 38℃左右的温水进行擦拭。擦拭过程尽量保持在一个没有对流风，相对比较密封的环境里进行，室温最好控制在 24℃左右。

保持水温相对恒定

在这个过程中，尽量保持水温的恒定。比如，一开始是 38℃，过一会儿，水温降低了，孩子就会不舒服，因此，需要不停地添加热水，使水温维持在 38℃左右，但要防止烫伤。

时间要短

时间一般控制在 10 分钟以内。

重点擦拭部位

将毛巾浸入水中，家长可以在孩子颈部、腋窝、肘窝、腹股沟等全身大血管处用毛巾擦拭，使皮肤微红，加速散热。这种方法对孩子来说是无创的。

退热药，对乙酰氨基酚和布洛芬

类别	代表	疗效	不良反应
对乙酰氨基酚	泰诺林	吸收快速而完全，口服30分钟内产生退热作用，但控制体温的时间较短，2～4小时	常规剂量下不良反应很少，偶尔可引起恶心、呕吐、出汗、腹痛、皮肤苍白等，但长期大量使用，会导致肝肾功能异常，也可增加婴儿哮喘的发病率。6个月以下高热患儿首选
布洛芬	美林	退热效果维持时间长，平均保持退热时间为5小时，且毒性低。对于39℃以上的高热，布洛芬退热效果比对乙酰氨基酚要好	可引起轻度的胃肠道不适，偶有皮疹、耳鸣、头痛，还会影响凝血功能并使转氨酶升高等，也有引起胃肠道出血和加重溃疡的现象。一般用于6个月以上的高热患儿

普通发热建议只用一种药

大多数情况下，使用一种退热药就能缓解病情，同时多种药混用会增大不良反应的风险。退热药的起效时间因人而异，一般0.5～2小时见效。家长如果发现孩子服对乙酰氨基酚后哭闹减轻（可能是头痛症状减轻），服布洛芬后开始出汗，证明药开始起效了，不要急着加药退热或换药。

高热不退时正确交替使用退热药

持续高热不退时，可以考虑两种退热药交替使用。例如，对乙酰氨基酚用了2个小时后没有退热，但其最小用药间隔是4个小时，4个小时后，可将另一种退热药布洛芬与其交替服用。

服两种药的最小间隔时间是4小时。两种退热药交替使用时，每天两种药合计最多服用4次。

如何让药物降温效果好

为什么退热药刚开始服用一两次还管用，后来就不管用了？其实这不是药不管用了，而是刚开始发热的头两天，孩子体内还有足够的水分供散热、蒸发，所以吃了退热药后温度能降下来。

但发热几天后，孩子因为食欲减退，吃得比平常少，如果再不注意补充水分，体内的水分减少，就无法将热量带出体外，退热效果自然不好。可见，退热效果好不好，与水分补充得是否充足有很大关系，水分补充得越充足，热量散发的机会就越多，退热效果越好。

所以，在孩子发热的时候，应想尽一切办法给他补充水分，多让他喝温水，而且最好是少量多次地喝。如果孩子不愿意喝白开水，可以让他喝一些有味道的果汁，这时候少吃几口饭都不要紧，但水分必须补充足够。

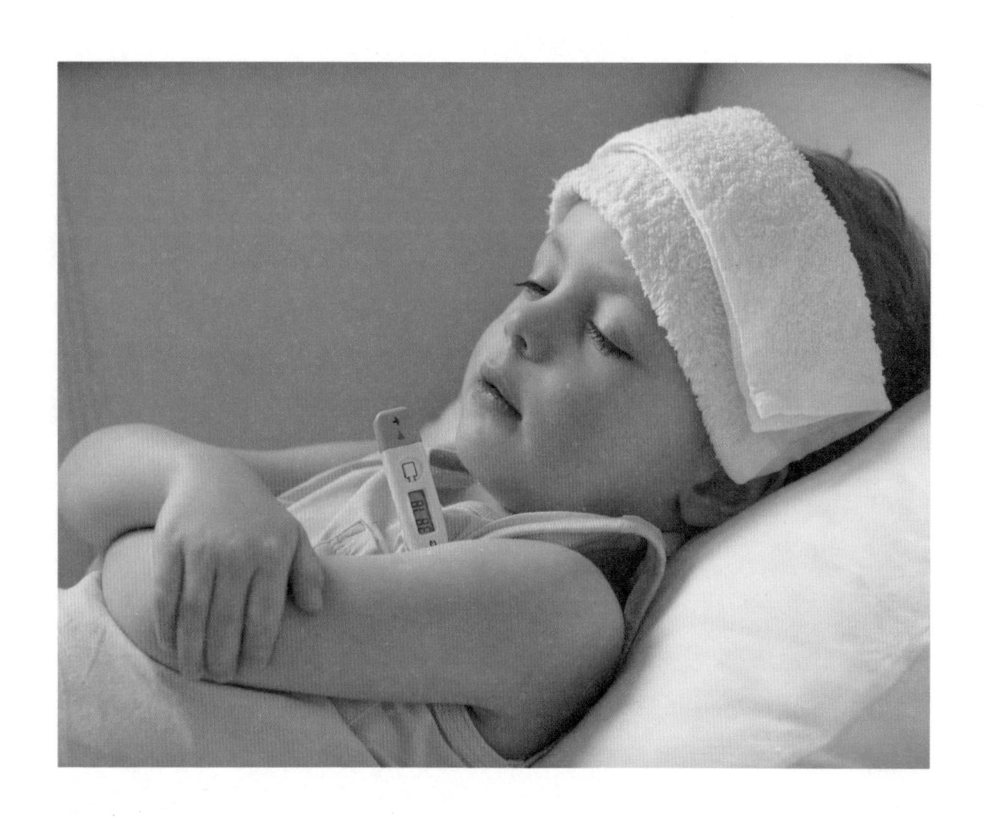

孩子首次高热，很可能是幼儿急疹

出生后从没经历过发热的孩子突然出现高热（38～39℃），且没有流鼻涕、打喷嚏、咳嗽等感冒症状时，要考虑是否是幼儿急疹。半数以上的孩子在 1 岁左右会出现幼儿急疹。幼儿急疹最显著的特点是持续发热 2～3 天，然后，孩子的面部、胸部、背部会出现小红疹子，即“热退疹出”。

幼儿急疹重在护理

幼儿急疹通常不会引发其他的并发症，疹子出了以后自己就好了。孩子发热时，家长要做到心里有数。如果是幼儿急疹，在发热的这几天，不管是物理降温还是吃退热药，都只是暂时性退热，很快还会热起来。在发热期间孩子精神状态虽然不如以往，但看起来并不像得了什么大病，仍有想玩玩具的意愿，而且哄逗时还会露出笑脸。孩子的喝奶量虽不如平时，但也不是一点儿都喝不进去。另外，有的孩子会出现大便稀或次数增多的情况。

如果符合上述情况，建议家长只为孩子做物理降温，多给孩子喝温开水，必要时吃退热药，将体温控制在 38.5℃以下，避免出现高热惊厥。一般体温下降或恢复正常后就开始出疹子了，从面部开始，逐渐遍及全身，皮疹出来病就快好了，2～3 天后皮疹会逐渐消退。

高热惊厥，并不会“热坏脑子”

高热惊厥引起孩子智力低下的发生率很低，一般的单纯性高热惊厥，发作次数少、时间短、恢复快，并且没有神经系统的异常表现，所以惊厥发作对孩子大脑的影响较少。但是，其中有少数孩子因此引起智力低下的原因有二：一是严重的高热惊厥可以引起脑损伤，如孩子惊厥发作持续时间长、惊厥复发次数多，则出现脑损伤的可能性就大；二是某些孩子在高热惊厥发作前就已经有神经系统异常的现象，这些孩子即使不发生高热惊厥，也会智力低下。

高热超过 5 天，谨防川崎病

孩子发热超过 5 天，家长就要多加注意，可能是川崎病，川崎病又称小儿发热性皮肤黏膜淋巴结综合征。很多家长可能对这个病比较陌生，但它的危害较大，如果耽误治疗，会引发冠状动脉瘤或扩张，导致缺血性心脏病或猝死。

川崎病的发现跟日本有关，1967 年日本医生川崎富作首次为该病做出报告，因此以他的名字命名。川崎病主要表现为高热、皮疹、草莓舌、淋巴结肿大、脚脱皮、眼结膜充血等，发病人群以 5 岁以下儿童为主。

孩子发热，多数人会想到急性上呼吸道感染，很容易忽视本病，延误诊断。因此，家长一定要认识川崎病，了解川崎病的表现和护理要点，以便医生及时诊断治疗。

川崎病患儿的护理

发　热

川崎病患儿发热多与免疫功能失调有关，家长在家时可采用物理降温，让孩子多喝温开水。

如果体温超过 38.5℃，应配合使用退热药。

皮肤黏膜

注意保持患儿的皮肤清洁。生活环境要干净卫生，孩子经常用的衣物、被单等要干燥、洁净、宽松；指甲要及时修剪，防止抓伤皮肤，造成感染；口腔护理好，多漱口，口唇干裂时可用婴儿唇油或食用香油等，不要沾水润湿，防止干燥加重。

饮　食

孩子发热期间消耗较大，可以食用高热量、高蛋白、高维生素食物，以流质或半流质为宜，如鸡蛋羹、豆浆等。同时，要多喝温开水，远离生冷、辛辣等刺激性食物。

普通感冒，不要乱吃感冒药

孩子感冒绝大多数（80%～90%）都是由病毒引起的。由于孩子的免疫系统尚不成熟，抵抗病菌的能力较弱，所以容易受到病毒入侵，出现感冒症状。另外，孩子如果营养不良，也会导致具有免疫功效的营养素缺乏，更容易患感冒。

大多数患了流感的孩子经过积极的治疗，症状会在10天内完全消失，但有的孩子会并发其他疾病，如肺炎、中耳炎等，所以应该引起家长的注意。

如何预防感冒

1. 孩子日常的营养要全面，粗细搭配合理，荤素搭配适当。

2. 让孩子多喝水，或者喝一些果蔬汁。

3. 人工喂养或混合喂养的孩子，最好选择母乳化的婴儿配方乳。

4. 定时开窗通风，保持室内空气流通，降低病菌密度，减少呼吸道感染的危险。

5. 可以多进行日光浴，增强孩子的身体免疫力，预防孩子感冒。

6. 避免交叉感染，如果家人有感冒的，应尽量远离孩子，避免传染给孩子。

7. 及时接种疫苗。孩子感冒发热时，有的家长可能因为紧张着急，会先给孩子服用退热药，生怕孩子会热成肺炎等，但这样不利于医生了解孩子感冒发热的类型及发热程度，难以做出确切的诊断。

有的家长还会给孩子按成年人剂量减半服用药物，认为只要剂量减半就不会有问题。其实，按成年人剂量减半给孩子用药是不科学的。孩子的肝脏对药物的解毒能力、肾脏对药物的清除能力都不如成年人，其大脑的血脑屏障功能还没发育完全，还不能阻止某些药物对大脑的伤害。所以，不能给孩子随意服用药物，减少剂量也不行。

对付流感，“特效药”不是抗生素而是疫苗

抗生素的主要作用是抑制或杀死细菌，而 80% 以上的感冒都是由病毒引起的。盲目使用抗生素，不仅不能缩短病程，而且还会增加细菌的耐药性。如果合并细菌感染，使用抗生素应听从医生的指导建议。

孩子生病后，是否使用抗生素，以及如何使用抗生素，对于很多家长来说都是一件头疼的事。医生会根据患儿感染的程度来决定合适的给药方案，一般遵循以下原则：窄谱抗菌药能解决的就不用广谱的，病情不重能用口服解决的就不必打针，非复杂感染能用单种抗生素解决就不多种联用，能用普通级别抗生素就不用高级别抗生素。建议家长最好不要凭自己的经验给孩子买药服用，而是让医生来把握孩子的感染程度，并判断如何用药。

一些家长认为，孩子不用抗生素，吃中成药也能好。如果不了解病情，盲目吃中成药，反而会拖延孩子病情，并妨碍医生判断。因为孩子的身体抵抗力弱，病情发展比成年人要迅速得多，一旦拖延，不利于快速控制病情。

综合来看，给孩子接种疫苗是有效应对流感的方式，且目前无直接证据表明流感疫苗会对孩子的健康造成危害。

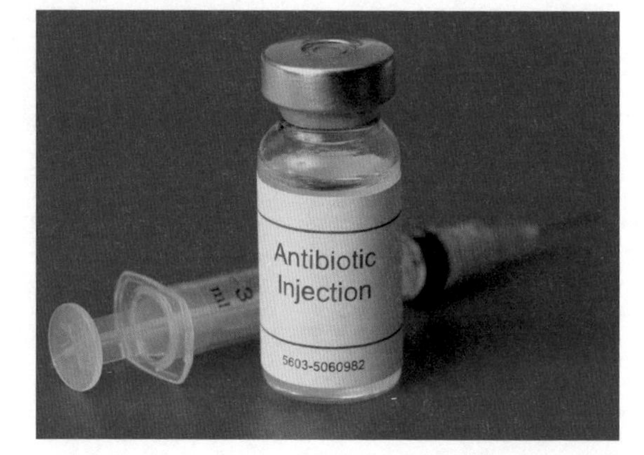

让家长烦心的久咳不愈

咳嗽是人体的一种保护性呼吸反射动作，通过咳嗽反射能有效清除呼吸道内的分泌物或进入气道的异物。

如果孩子咳嗽严重，会让孩子无法入睡，也会影响孩子的日常生活，延缓孩子的生长发育。

如何预防咳嗽

1. 防咳先防感。预防咳嗽，先预防感冒是非常关键的，所以孩子平时要注意锻炼身体，避免外感，预防加重病情。

2. 生活方式要健康。对孩子要加强生活调理，饮食适宜，保证睡眠，居室环境要安静，空气要清新。

3. 少去公共场所。尽量不带孩子到公共场所，减少与咳嗽、感冒患者接触。

4. 梨、枇杷和萝卜。平时适当食用梨、枇杷和萝卜，对咳嗽有一定的预防之效。

5. 注意气温变化。当天气变化时，要及时为孩子增减衣物，以防过冷或过热导致孩子身体不适而诱发咳嗽。

6. 经常开窗通风，保持室内空气清新。

家庭成员中有感冒者可用消毒酒精在室内消毒，以防止传染给孩子。如果孩子有发高热、咳嗽、喘鸣并伴有呼吸困难时，应该及时就医。

咳嗽老不好，是得了肺炎吗

很多家长对孩子咳嗽很警惕，一旦咳嗽老不好，就会担心孩子是不是得了肺炎。肺炎是由细菌或病毒感染引起的，发病率和死亡率都很高，是威胁我国儿童健康的重大疾病之一，四季均可发病。患肺炎的孩子大多表现为突然高热，呼吸增快或表浅，咳嗽时表现出痛苦的表情，食欲不振，精神萎靡或烦躁不安。

孩子得肺炎后常常因为抵抗力低下、病理范围广泛导致病程延长，严重者还容易并发气道梗阻、心力衰竭、呼吸衰竭等。

1 看咳嗽和呼吸

判断孩子是否罹患肺炎，需看孩子有无咳、喘和呼吸困难等症状。感冒和支气管炎引起的咳、喘多呈阵发性，一般不会出现呼吸困难。若咳、喘较重，静止时呼吸频率增快，便是提示家长病情严重，不可拖延。

2 看精神

如果孩子在发热、咳嗽的同时精神很好，则表示患肺炎可能性较小。相反，若孩子精神状态不佳、口唇青紫、烦躁、哭闹或昏睡等，患肺炎的可能性较大。

3看食欲

孩子得了肺炎，食欲会明显下降，不吃东西。小婴儿表现为一吃奶就哭闹不安，或吃奶时容易呛奶、吐奶等。有可能一声咳嗽都没有。

孩子罹患肺炎时，大多有发热症状，体温多在 38℃以上，且持续两三天时间，退热药只能使体温暂时下降，不久便又上升。孩子感冒虽然也会引起发热，但持续时间较短，退热药的效果也较明显。

由于孩子的胸壁薄，有时不用听诊器也能听到水泡音，所以细心的家长可以在孩子安静或睡着时听听他的胸部。

听孩子胸部时，要求室温在 18℃以上，脱去孩子的上衣，将耳朵轻轻贴在孩子脊柱两侧的胸壁上，仔细倾听。肺炎患儿在吸气时会听到“咕噜儿咕噜儿”的声音，医生称为细小水泡音，这是肺部发炎的重要体征。

如何预防肺炎

1. 远离病源，尽量不到公共场所去。

2. 缓慢降热。不要把出汗的孩子放到风口处凉快，这样会使孩子敞开的汗毛孔迅速闭合，造成体内调节失衡，引起呼吸道感染。

3. 常喝温开水，不但可预防感冒，还对孩子胃肠道和肺部有益。

4. 根据温度变化适当增减衣服。

5. 有氧运动是提高身体抵抗力的好方法。每天让孩子适当进行户外活动，接受新鲜空气、阳光，居室每日定时开窗换气。

6. 按时接种预防肺炎的疫苗。

警惕“小狗叫”的咳嗽声

孩子在咳嗽时，家长一定要注意听孩子的咳嗽声，如果孩子咳嗽很有特点，如呈现“小狗叫”的咳嗽声，且夜间会加重，这表示孩子很可能得了急性喉炎。

小儿急性喉炎是一种比较常见的急性呼吸道感染疾病，通常 6 个月～3 岁的孩子发病率最高，发病时间主要为每年的 10 月到第二年的 3 月。孩子发生急性喉炎时，喉咙会局部水肿，影响呼吸，如果不及时治疗，可能会导致呼吸困难甚至窒息。

小儿急性喉炎的初期症状很容易与感冒混淆，因此，家长很容易误把急性喉炎当成感冒。如果孩子出现下面一些症状，一定要及时就医，以免耽误治疗。

1. 发热：发病急，有不同程度的发热。

2. 声音嘶哑：音调较低，严重时说话沙哑，听不清。

3. 咳嗽：“小狗叫”的咳嗽声是小儿急性喉炎的明显特点，如孩子咳嗽时发出“空、空”的声音。

4. 痰多：喉咙发炎会出现痰多、不易咳出的现象。

一到换季就咳嗽，打好哮喘攻坚战

哮喘是一种反复发作的，以气喘、呼吸困难、胸闷为主要表现的下呼吸道疾病，属于小气道疾病。

喘只是一种病理表现，是由于气道发生痉挛或气道内分泌物滞留造成气道狭窄，气体进出狭窄气道时产生的一种高调声音。喘是哮喘特有的表现，但出现喘的现象并不意味孩子一定患上了哮喘。

如何判断孩子是否为哮喘

近年来，儿童哮喘患病率在全球范围内有逐年增加的趋势，在我国大、中城市，儿童哮喘患病率在 3%～5%，首次发病小于 3 岁的儿童占

50% 以上，在性别上，男童与女童的比例约为 2：1。

如何判断孩子是否是哮喘？具有以下特征者可以考虑为哮喘：

1. 患儿喘息、气急、胸闷或咳嗽反复发作。

2. 发作时，在双肺可闻及散在的或弥漫性的以呼气相为主的哮鸣音，呼气相延长。

3. 上述症状和体征可经治疗缓解或自行缓解。

4. 其他疾病所引起的喘息、气急、胸闷和咳嗽。

5. 临床表现不典型者（如无明显喘息或体征），做支气管激发试验或运动激发测试阳性者。

符合 1～4 条或 4、5 条者，可以去医院看哮喘专科，或者变态反应专科。确诊哮喘可做血液、皮肤特殊过敏原检测及肺功能检查。

清除或减少家中的尘螨

研究证明，孩子的尘螨特异性 IgE（帮助确诊尘螨过敏）阳性率主要与居室的地板和床上用品有关，特别是密封性好的钢筋水泥结构住宅，其尘螨特异性 IgE 阳性率明显升高。所以，家长要尽量保证室内环境的清洁与空气的流通。

1. 最好用热水烫洗床单、被子等，然后烘干或在太阳下曝晒，每周一次。患儿的内衣洗涤后最好用开水烫烫，以减少螨虫滋生。

2. 床上用品最好不用毛织品，卧室内不要铺地毯、草垫，家具力求精简洁净，不挂壁毯、字画，避免使用呢绒制作的软椅、沙发和窗帘。

3. 动物皮毛、霉菌孢子等都有可能成为诱发孩子过敏性疾病的罪魁祸首，家长一定要做好防护工作。最好不养宠物，定期打扫浴室、厨房、地下室，清除易发霉或已发霉的物品。

4. 不要在孩子面前抖面袋、拍打灰尘、拆毛衣等。

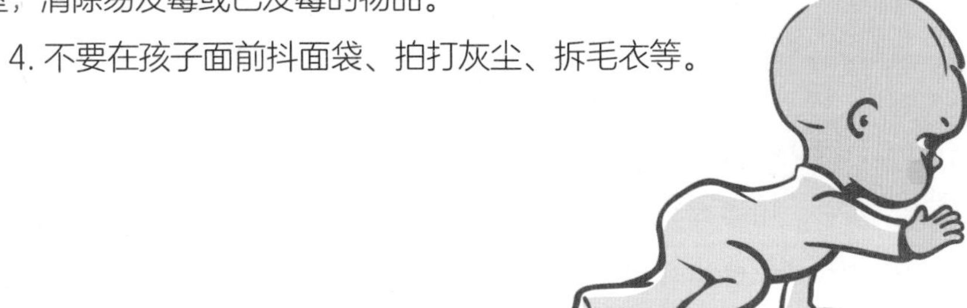

哮喘老不好，根源往往在家长

哮喘老不好，为什么根源往往在家长？这是因为哮喘和家长的生活习惯有关系。如节假日家长常带孩子到人群拥挤的娱乐场所玩耍，或不注意孩子饮食卫生，再加上劳累，就容易导致孩子患病。那么，节假日后孩子的多发病还有什么？

呼吸道疾病

发病的主要原因是节假日期间家长带孩子到人群拥挤的娱乐场所，那里人多，空气不流通、混浊，如果再遇到疾病流行季节，很容易因交叉感染而得病，如气管炎、肺炎、水痘、腮腺炎、百日咳、流行性脑膜炎等。如果孩子在公园或游乐场疯跑后全身大汗淋漓，脱去衣服后就容易因受凉而伤风、感冒。

胃肠道疾病

胃肠道疾病发病的主要原因是家长在节假日为了让孩子高兴，给孩子吃大量的零食，以致远远超过了孩子胃肠道的消化能力。或孩子想吃什么就买来吃，不考虑饮食卫生，食用了被污染的食物或使用了被污染的餐具，最终导致孩子患上消化不良、胃肠炎、细菌性痢疾、肝炎等疾病。

因此，节假日里，家长切记注意饮食卫生，给孩子讲“病从口入”的道理，吃东西前要用肥皂、流动水洗手。不要带孩子到人群拥挤的公共娱乐场所去玩，尤其是在疾病流行的季节，更不宜带孩子到人多的地方。另外，节假日的晚上，应注意让孩子及早休息，保持睡眠充足，消除疲劳，减少哮喘疾病的发生。

如何防治哮喘

做好孩子玩具的清洗和卫生

孩子玩耍时，常常喜欢把玩具放在地上，这样玩具就很可能受到细菌、病毒和寄生虫的污染，成为传播疾病的“帮凶”。

因此，家长应定期对玩具进行清洗和消毒。在使用消毒液时还应注意：过氧乙酸原液有腐蚀性，不能直接与皮肤、衣物等接触。过氧乙酸原液须用塑料瓶盛放，瓶盖上留有 1～2 个透气孔，禁用玻璃瓶，以防爆裂。

此外，要教育孩子不要把玩具随便乱丢，也不要把玩具放在嘴里，玩后要洗手。嘴吹玩具最好个人单独玩，以防引发哮喘等疾病。

春捂秋冻

常言道“春捂秋冻”，这话对孩子也适用。但是，由于孩子的体温调节功能还不完善，所以不能单纯地强调“冻”，即使秋冻也要从耐寒锻炼开始，逐步进行。当然，根据中医观点，小儿一般是阳气偏旺之体，如果过暖则会助长阳气而消耗阴液。所以，妈妈也不要过早、过度为孩子保暖，可以检查一下孩子的手、后颈，以不出汗为好，如果身体出汗反而容易感冒，诱发哮喘。

不要让衣服妨碍孩子的运动

经常看到有些孩子穿得太多，活像个小绒球；或者是穿着的衣服虽然很漂亮，但穿着不适，这些都会使行动尚不灵敏的孩子活动起来十分不便，在客观上会减少孩子锻炼的机会。相反，如果穿着适宜，孩子活动自如，运动量也会增加，这样更有利于提高孩子身体的抗病能力，增强体质，预防呼吸道疾病。

呕吐、拉肚子，正确护理比去医院更重要

根据便便形态，正确判断腹泻原因

孩子的大便次数和形态多种多样，健康孩子的大便也可能比大人稀很多，学会和孩子的大便“打交道”，也会避免很多不必要的麻烦。

绿色大便

反映孩子对某些食物消化不好，比如，食用了含铁量较高和水解蛋白比较多的食物。

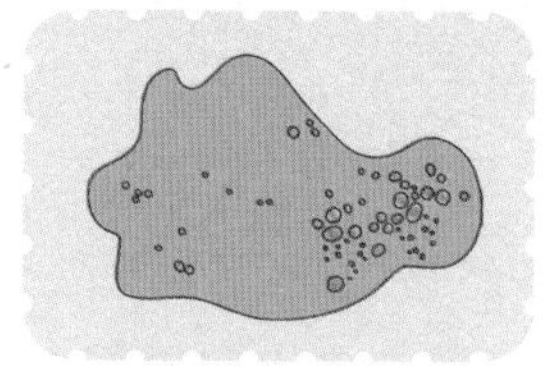

带泡沫的黄色大便

主要是孩子在吃奶过程中咽下过多空气，这些空气随着大便一起排出了。

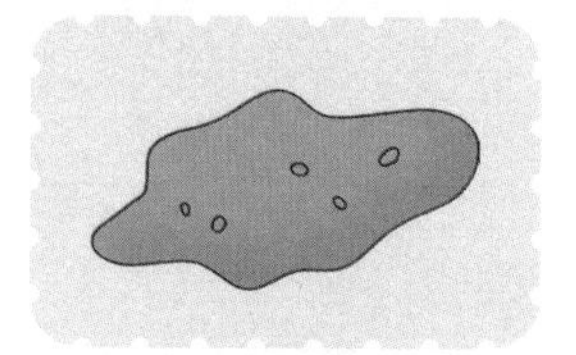

蛋花汤样大便

基本上断定是腹泻，尤其是秋季易出现的轮状病毒引起的腹泻，应及时就医。

黑色大便

柏油便多为上消化道（胃）出血引起，应及时就医。

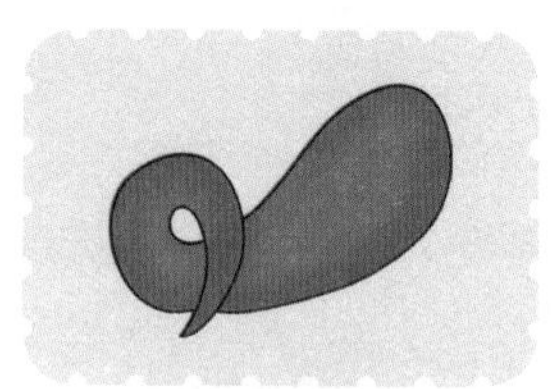

红色血丝便

排除孩子因肛裂造成的出血情况后，孩子便中带血，很可能与胃肠道出血有关，应马上就医。

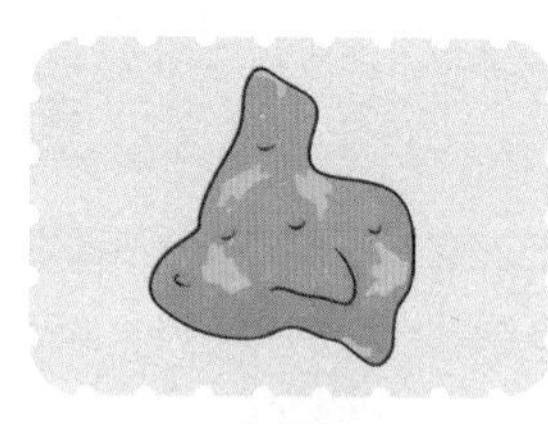

水样大便

蛋花汤样大便的升级版，需及时就医。

拉肚子，先别急着吃止泻药

孩子腹泻是细菌、病毒、真菌、过敏物质等对肠道黏膜刺激引起的吸收减少或分泌物增多的一种现象，是将肠道有害物质排出体外的、排泄废弃物的一种自我保护性反应。所以，孩子腹泻不一定就是坏事，如果立即用止泻药，容易导致细菌、病毒、毒素等滞留肠道，对孩子肠道造成更严重的伤害。

孩子腹泻时，妈妈在不刻意止泻的前提下应做到：

1. 注意预防和纠正脱水，可以让孩子喝口服补液盐。
2. 在医生指导下，针对腹泻原因适量用药。
3. 除喝奶以外，饮食要清淡、易消化。

腹泻期间要注意屁屁护理

1. 大便后及时擦净。
2. 用细软的纱布蘸水擦净肛门周围的皮肤。
3. 孩子用过的东西要及时清洗、消毒，并在阳光下曝晒，以免交叉感染。
4. 臀部涂些油脂类药膏，及时更换纸尿裤或尿布。

孩子腹泻，要及时补锌

世界卫生组织针对孩子腹泻提出了新的护理原则：腹泻补锌。经过调查发现，对于 0.5～3 岁的孩子，80% 的急性腹泻患儿都存在不同程度的锌缺乏症，且腹泻时间越长缺锌越严重，主要是因为腹泻会妨碍锌的吸收。

对于 0～3 岁的孩子来说，葡萄糖酸锌比较好吸收，直接给孩子喝即可。建议腹泻的孩子口服补锌 10～14 天，补充孩子腹泻时所流失的锌，能预防腹泻再次发生。家长也应注意不要一见到腹泻停止了就不再给孩子补锌，要遵医嘱。

揉揉腹部、捏捏脊，增强肠胃吸收功能

如果孩子病情不是很重，吃药又非常困难，家长可以给孩子做推拿按摩，通过增强胃肠道的消化吸收功能，使腹泻停止。

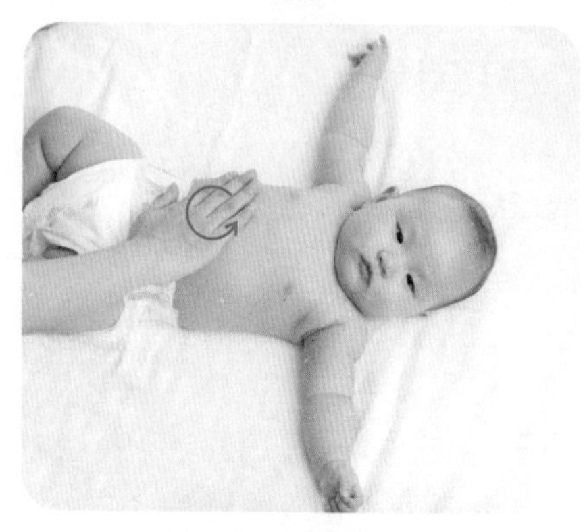

改善肠胃蠕动

让孩子仰卧床上，妈妈用手掌沿逆时针方向揉摩腹部，约15分钟，此举能起到调理肠胃功能、改善肠胃蠕动的作用。

捏捏脊

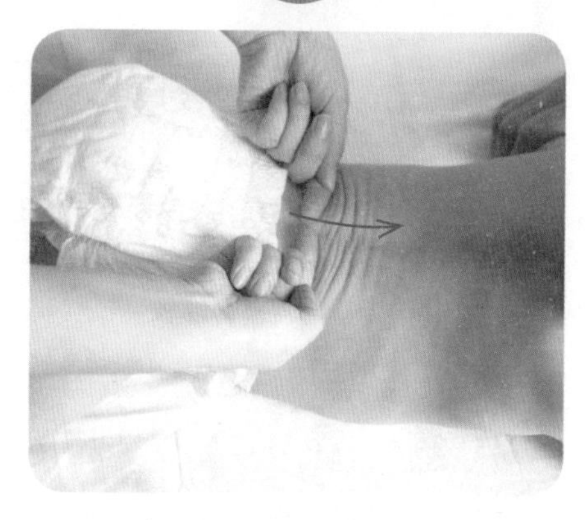

调理肠胃功能

孩子俯卧床上，妈妈由下而上推脊柱及脊柱两侧肌肉隆起处，以皮肤发热为宜，此举有调理肠胃功能、辅助止泻的作用。

哪些情况下，孩子腹泻需看医生

1. 孩子拒绝进食、喝水超过数小时。
2. 孩子大便中见血或黏液；体温超过37.5℃，看上去状态很不好。
3. 口服补液补不进去或没有效果。
4. 孩子有严重腹痛或重度脱水症状。

止泻食谱推荐：炒米粥

材料：大米50克

做法：1. 把大米放到锅里用小火炒至米粒稍微焦黄。

2. 用炒米煮粥即可。

呕吐找对原因，积极合理应对最重要

大多数情况下，宝宝呕吐可以在不接受任何药物治疗的情况下自愈。对于呕吐这种症状，妈妈千万不要擅自给宝宝服用药物，除非是医生特别给宝宝开的药。

宝宝出生后的前几个月，出现呕吐症状，很可能是喂养不当导致的，如喂食过量、对母乳或配方奶粉里的蛋白质过敏。

这时妈妈可以在喂奶后多给宝宝拍拍嗝，每次少喂一点。此外，喂奶后半小时内，不要让宝宝做运动，帮助他保持身体竖直。

感冒或其他呼吸道感染

呼吸道感染也可能引起呕吐，主要是因为宝宝的鼻腔可能被鼻涕堵塞了，进而使宝宝产生恶心想吐的感觉。

这时可用医用棉球捻成小棒状，沾出鼻子里的鼻涕，避免宝宝鼻腔里积存黏液。

肠道疾病

当宝宝腹痛时，可能出现呕吐的症状，妈妈应考虑是不是由肠道疾病引起的呕吐，如肠梗阻、肠套叠；或者是感染性因素，如胃肠道感染、轮状病毒感染等。

喂药引发呕吐，可能由于食道、胃和肠道的逆蠕动，同时伴腹肌和膈肌的强烈痉挛收缩，迫使食管和胃肠道内容物从口中涌出。

喂药时药液不要太热、太凉，避免刺激宝宝食道。

无论什么原因引起呕吐，在病情稳定后可鼓励宝宝及时补水，这样既能预防脱水、缺水的情况，还能进一步缓解宝宝的呕吐。

专题：孩子入园，“一月一病”破解法

在孩子入园前，加强对孩子生活习惯和生活技能的培养，可以让孩子更快且更自信地适应幼儿园的新生活，也有利于减少入园后的“一月一病”。家长可提前半年在家培养孩子一些习惯和技能，如养成规律的作息，定时入睡等；适当做一些家务；学习简单的表达和交往；学习自己如厕、吃饭等。

分离焦虑，会让孩子“生病”

不少妈妈会有这样的苦恼：每天早上，孩子缠着不让去上班，看到要出门就抱着号啕大哭。于是，自己快要上班的时候，就让其他人抱孩子到阳台上去玩，自己却像做贼似的偷偷跑出去，到了单位心里还老是牵挂着孩子。

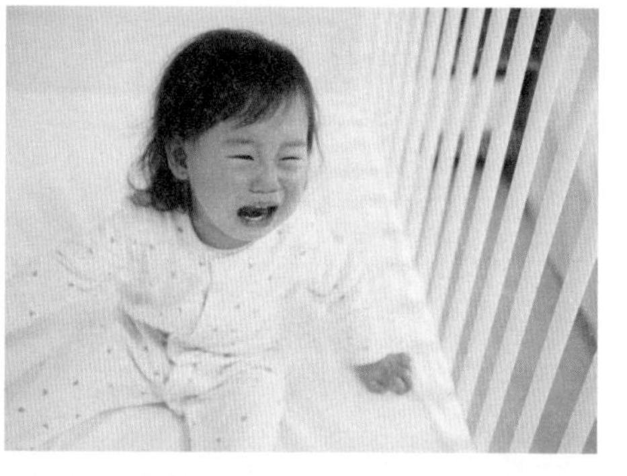

孩子在6～7个月开始出现分离焦虑，高峰期出现在10～18个月。妈妈如果不能很好地处理分离焦虑，就会影响孩子的身心发育，使孩子“生病”。那么，妈妈该如何处理？

给予孩子足够的安全感

在6～18个月，哭是孩子最真实的表达，对于孩子的第一次分离焦虑，家长应及时给予回应，给孩子足够的安全感，这有助于缩短分离焦虑的时间。如果要“离开”，妈妈也要告诉孩子后再离开，切不可出门后不忍心又回去。妈妈千万不要在向孩子道别时表现得很难过。家长应让孩子多接触他人和不同的环境，消除恐惧感。可以以游戏的方式进行渐进式的分离。

不好的作息习惯，进幼儿园再改就来不及了

为了帮助孩子尽快适应幼儿园的生活，应尽早调整孩子的作息时间，尽量按照入园要求逐步变化，让孩子有所准备。

7:00～8:00	起床、洗漱、吃早餐

1. 刚开始给孩子一些缓冲时间。例如：可以在床上嬉闹一会儿，起床时让孩子自己穿衣、整理床铺，培养其自理能力。
2. 早餐时让孩子帮家长分餐具，餐后协助家长收拾餐具和桌面。

8:00～9:30	安排一项或多项有趣的活动

1. 可以给孩子安排画画、做手工（捏橡皮泥、折纸）、玩玩具或者做科学小实验等，要注意等这些活动结束后，一定让孩子自己整理好玩具和游戏场地。
2. 家长做到不打扰（不要时不时地问孩子“喝水吗”“吃东西吗”）、不干预（如“你要这样画”“这样不对”“我来教你”），让孩子专心自在地做自己喜欢的事。

9:30～10:30	动动小身体

可以在家里做做操，跟妈妈一起练练瑜伽，跟爸爸一起做游戏。如果是双职工家庭，可以由老人或保姆带着去户外散散步、骑会儿自行车等。外出活动时，要适时补水，还要做好防护。

10:30～11:00	视听时间

孩子都爱看动画片、玩游戏，家长与其严防死守，不如有选择地让他看一些优秀的动画片，或选择一些网上课程。比如，可以通过视频学习英语，每天观看一个小动画片。但务必要控制好时间，保护眼睛。

11:00～13:00	午餐、餐后活动

1. 午餐前，帮家人分餐具。
2. 午餐时，让孩子吃有营养的食物，引导孩子不要浪费食物。
3. 午餐后自由活动，可以在房间嬉戏一会儿，给花草浇浇水等。

13:00～15:00	起床、午休盥洗、吃早餐

如果孩子实在不想睡，也不要强迫。可以和他一起聊聊开学前的准备、开学后的创想，为孩子做做开学的心理建设。

15:00～15:30	午　点

吃点水果、饼干等补充能量。切记不要让孩子吃得太饱，并注意补水。

15:30～17:30	继续未完成的手工

可以带着孩子继续把没做完的手工做完，讲讲故事，或是舒展一下筋骨。

17:30～18:30	晚　餐

从准备环节就可以让孩子参与进来，拿个鸡蛋，递个东西。大一点儿的孩子还可以擦桌子、摆碗筷。

进餐前，可以让孩子报菜名，介绍食物的营养，这样有助于孩子不挑食、不偏食。

18:30～20:00	亲子游戏

饭后休息片刻，可以和孩子一起亲子共读，或玩智力小游戏，享受亲子时光。也可以在小区里和其他小朋友一起玩耍，入园的时候不生疏，孩子适应得会更好。

20:00～20:30	洗漱，和家人说晚安

上床前，陪孩子一起洗脸、刷牙，可以讲讲睡前故事。

以上作息表因是为孩子入园做准备，所以与幼儿园的作息时间类似。家长可以根据孩子每天的精神状态做细微调整，有的活动项目可以错开时间来安排，无需太死板，给孩子一些自由发挥的空间。

第六章

图解安全急救知识，一看就会

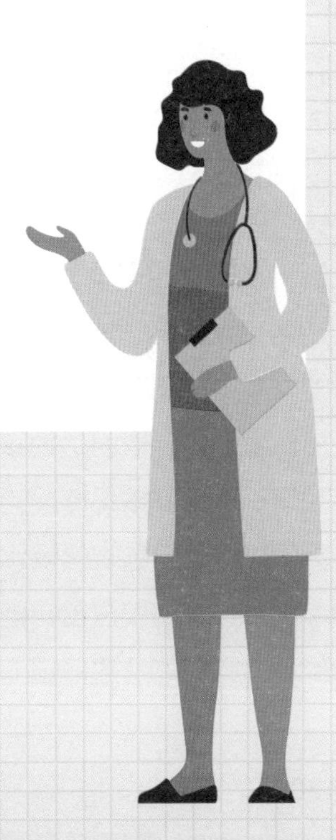

吞入异物：采取不同应对方式

发现吞进异物，正确判断宝宝的状况

宝宝吞入异物的情况一般分为三大类：气道异物、食管异物和胃肠道异物。宝宝吞进的异物可大可小，形状各异，因此，一旦发现宝宝吞进异物，首先应该判断宝宝的状况。

气道异物最危险

气道异物卡在喉管或支气管处最危险，多见于 2～5 岁儿童。儿童在吞入异物后大多不会表达或表达不清，家长可以根据以下情况来判断：宝宝在进食或活动时突然停止，开始出现阵发性大声呛咳、喘息伴哮鸣音、面色青紫、呼吸困难等症状。

发现宝宝吞食异物后，有些家长不知道如何急救。然而，如果处理方法不当，往往会使异物深入或造成并发症，使情况恶化。

儿童吞食异物“十大杀手”排行

排　名	名　称
1	花　生
2	瓜　子
3	硬　币
4	笔　头
5	鸡骨头、鱼刺等骨头类
6	纽　扣
7	豆　类
8	吊　坠
9	电　池
10	发　卡

一些家长发现情况后，用手抠异物，可能会造成局部水肿、出血，加重呼吸困难；给宝宝喝水可能会造成异物进一步膨胀，或使异物顺水进一步向下行；继续进食，则会使异物下行，并导致异物和食物难以辨认；实施催吐则可能导致异物卡死。

稳住阵脚，及时求救

异物的种类、性质不一样，处理的方法也不一样。发现宝宝吞食异物后，最好的办法是第一时间到医院进行检查，确定异物大小、形状及异物的位置，或者立即拨打 120 急救电话，并向医生说明宝宝的情况。

家长千万别自乱阵脚，随意挪动和剧烈摇晃宝宝都是不恰当的行为。一定要自己先冷静下来。

家长要学习的两个急救法

最好的急救方法是预防

婴幼儿感知世界的最常用方式就是吃，但不知道什么能吃、什么不能吃。儿童吞食异物造成伤害的最重要原因是家长监管的疏忽。因此，家长应该严加注意，做好预防。

比如，叮嘱宝宝不要随便将东西放入口内；家长也不要将小东西放在宝宝身边；玩玩具前，家长先帮宝宝检查是否有零部件松散或脱落；尽量将食物切小、切碎让宝宝食用；进食时，避免嬉笑、说话、行走、跑步。

另外，家中的细小杂物不要让宝宝接触，尤其宝宝一个人玩耍时更要注意。给宝宝食用带硬壳的食物时，一定要剥干净，不要让宝宝自己拿取。

“海姆立克”急救法

5 次拍背法

将宝宝的身体置于大人的前臂上，头部朝下，大人用手支撑宝宝头部及颈部；用另一手掌掌根在宝宝背部两肩胛骨之间拍击 5 次。

5 次压胸法

如果堵塞物仍未排除，实施 5 次压胸法。使宝宝面向上，躺在床上，大人跪下或立于其足侧，或取坐位，并使宝宝骑在大人的两大腿上，面朝前。以两手的中指或食指放在宝宝胸廓下和脐上的腹部，快速向上重击压迫，但要刚中带柔。重复按压，直至异物排出。

眼、耳、鼻进入异物

生活中免不了会因为各种意外而导致眼睛里面进入异物，出现这种情况后一定不要惊慌。首先不可以让宝宝用手搓揉眼睛，要根据自身的情况采取相应的方法进行处理。如果无法将异物取出，就应该立即到医院进行治疗，以免对眼睛造成伤害。

眼睛进入异物处理方法

1. 眼睛吹气

如果眼睛里面进入了沙尘，就可以将宝宝的上眼皮轻轻向上提起，然后往眼睛里面吹气。这样能够让眼睛分泌一些泪液，而在流泪的过程中就可以带走眼睛里的沙尘。

2. 立即闭眼

眼睛里面进入了铁屑、玻璃等异物之后，应该立即闭上眼睛，然后将受伤的眼睛保护起来，尽可能不要转动眼球，及时就医处理。

3. 用水冲洗

眼睛进入了一些腐蚀性的物质后，包括硫酸、烧碱等，应该立即用自来水或者生理盐水进行冲洗，之后再使用眼药水对眼睛进行消炎，并及时就医。

4. 拉动眼皮

如果异物只是附着在眼睛的表面，就可以轻轻地闭上眼睛，然后用手拉动眼皮，之后眼睛里面的异物就会自行流出来。

5. 翻动眼皮

在触碰眼睛的时候如果还伴有疼痛感，就说明异物可能附着在了眼睑结膜上，这时可以把眼皮翻过来，然后用消毒棉棒轻轻地擦掉异物。

6. 立即就医

在无法自行取出的情况下就应该立即就医，因为当异物在眼睛内沉积的时间过久，就有可能引发角膜感染，会对眼睛造成伤害。

耳朵进入异物

宝宝耳内进入异物的情况比较常见，但容易被人忽视，家长应充分重视。若取物方法不当，容易造成耳内感染，甚至引发更严重的并发症，导致宝宝听力出现障碍。

耳中异物『取之有方』

1. 如果进入耳内的是比较圆滑的东西，且接近外耳道的入口，在宝宝配合的情况下，家长可以用镊子、挖耳勺等将异物取出。如果是尖锐的东西，则需要到医院就诊。

2. 若宝宝耳朵里进了蟑螂等，家长切忌用手去拽、抠。因为蟑螂等生物有爪子，若受到外界的刺激，它会拼命往里爬，可能会造成耳道损伤。

3. 如果钻入耳朵的是蛾蠓、蜱虫等，可以先在耳朵内滴上几滴植物油，填满耳道即可，这样可以将耳内的虫子淹死，或者滴点婴儿油，虫子就会窒息而死，然后把耳朵朝下，虫子会连同油一起流出。随后则要到医院就诊，进行必要的清理。另外，家长还可用光照射耳朵，因为虫子具有向光性，可利用光将虫子诱出。

梁医生有话说 **难取异物应及时求医**

不常见的异物家长最好不要自行掏取。因为人的外耳道是S形的，内部有狭窄区域，若自取方法不当，一方面，可能导致异物尤其是球形异物越捅越深，另一方面，容易引起外耳道炎，有时这种炎症很难控制，而且会破坏外耳道的自洁功能。此外，自行掏取异物容易损伤外耳道皮肤而引发感染，甚至导致耳膜穿孔。因此，耳道内误入难以取出的异物时应立即到医院就诊。

鼻腔进入异物

宝宝鼻腔进入异物是常见的急诊疾病，家长自行处理往往不得法，把好处理的事变得难处理，增加危险。

鼻腔进入异物处理方法

1. 切忌乱掏

小宝宝玩耍时自己不知道危险，从而好奇地把异物塞进鼻孔里，常见的有花生、黄豆、钢珠、电池、珍珠、口香糖、塑料泡沫等。

和感冒不一样，鼻腔异物只会引起单侧鼻孔堵塞，一般不会引起明显的症状。因此很多时候宝宝不会哭闹。只要家长不试图强行取出异物，宝宝往往一路玩到医院，有时在路上，异物就自己随着鼻腔分泌物滑出。比如，经过一路颠簸，宝宝鼻腔里的黄豆也许会自行滑出，可如果家长乱掏，黄豆被捅到鼻腔后部，要取出来难度就加大了。

2. 及时送医

发现鼻腔有异物时，家长切忌盲目钳夹，这样不但会引起宝宝不安、烦躁，还容易将异物送入鼻腔深部。人的鼻腔前段是软鼻甲、后段是硬鼻甲，异物越往里会卡得越紧，个别球形物品甚至会滑入气管。如果出现这种情况，就可能需要纤维支气管镜取异物了，这项操作需要在全麻状态下进行，风险将大大增加。

与没有受过专业训练的家长相比，医生通常选择的是“套挤”的方式——即把镊子伸到异物后方拉出，也可以在特殊的体位下，把异物送进咽喉部。这样取异物可以迅速解决问题，也不会留下任何后遗症。

溺水及窒息：别错失黄金抢救期

首先保证呼吸道通畅

当溺水的宝宝被救上来后，应该怎样做？首先，要判断他的意识、呼吸是否存在，然后清除口鼻异物、迅速控水等。

被救上来后判断是否有呼吸

拍打刺激宝宝（婴儿要轻拍足底），同时呼喊其名字（1 岁以上的宝宝要轻拍双肩），及时观察他的呼吸，如果有反应、有呼吸、能哭，需要马上为宝宝保暖，让宝宝侧卧或坐直，同时，家长要随时观察宝宝的状态，让宝宝在心理上得到安抚。

按正确方法清理口鼻污物

溺水的宝宝经常会有泥沙、水草堵塞气道，所以，要检查宝宝口鼻有没有泥沙和水草。如果嘴里有泥沙和水草，可以用小拇指把泥沙、水草取出来。然后，用一只手扶住宝宝的额头，另一只手的食指放在他的下巴处，轻轻让头部后仰，这个动作可以开放气道。

有呼吸要迅速控水

如有呼吸，将宝宝面朝下抱起，迅速控水。最简便的方法是：救护者一腿跪地，另一腿屈膝，将溺水者的腹部放在救护者的膝盖上，使其头部下垂，然后，按压其背部排出体内的水。

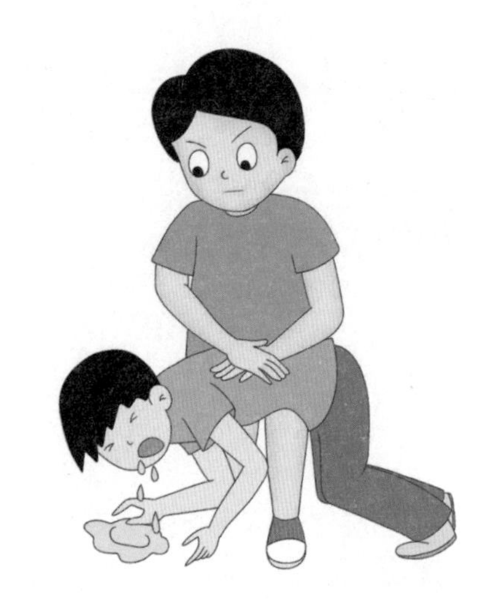

根据口鼻大小做人工呼吸

如果宝宝无呼吸但有心跳，即“假死状态”，这时需要第一时间实施人工呼吸。

人工呼吸根据宝宝口鼻的大小，如果是比较大的儿童，可以进行口对口的吹气，如果是小婴儿，可以进行口对口鼻的吹气。吹气的时间为 1 秒钟，间隔 1 秒钟再吹，两次通气大概 4 秒钟完成。

小贴士

只要看到胸部或腹部有明显的起伏就可以了，注意在吹气的时候也要保持气道的通畅，千万不要一吹气又把下巴压下去了，这样反而会造成气道的梗阻，或者把气吹到胃里，造成胃反流，使气道的管理更加困难。

1 岁以上
进行口对口的吹气

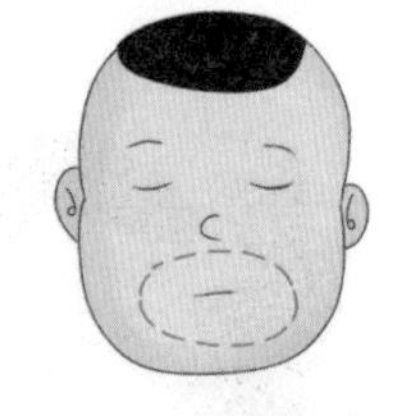

0~1 岁
进行口对口鼻的吹气

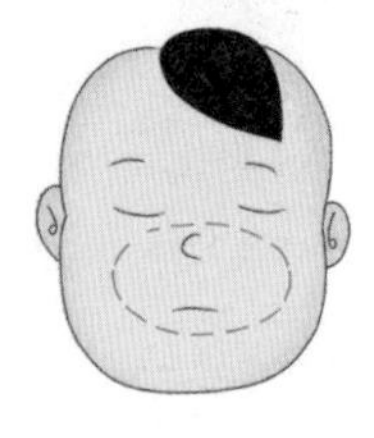

根据身材大小做胸部按压

如果宝宝无呼吸、无心跳，这时，需要立即就地进行胸外按压，同时，拨打急救电话。如无法同时进行，先进行 5 组心肺复苏，再拨打急救电话。需要指出的是，心肺复苏的按压是很专业、很讲究方式力度的，如果未经过训练，不要轻易尝试。

根据儿童的身材大小做胸部按压

一定要根据儿童的身材做胸部按压，如果是出生 ~1 个月的小婴儿，可以用两个大拇指在他的两个乳头中线下方进行按压；如果是 1 个月 ~1 岁的婴幼儿，可用两指并拢在他的两个乳头中线下方进行按压；如果是 1~3 岁的婴幼儿，可用手掌在他胸部的正中间，掌根的位置放在他两个乳头连线的中点和胸骨交界处，进行单掌按压；如果是 3 岁以上的儿童，可以进行双掌按压。

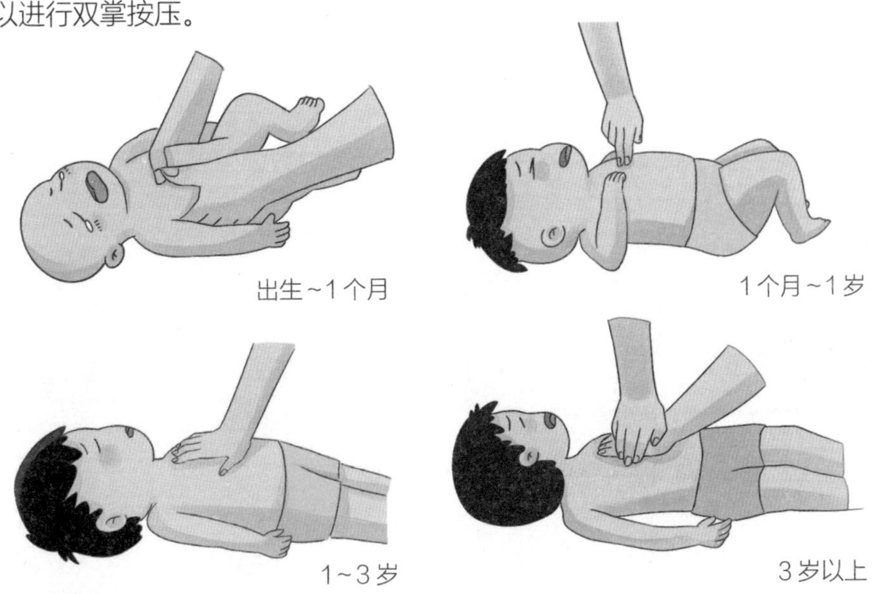

胸部按压有讲究

按压的深度大约 5 厘米，或者是整个胸壁厚度的 1/3 左右，按压的频率是每分钟至少 100 次。

划伤、撞伤、烫伤：第一时间要掌握的处理方法

手部出血

宝宝是非常活跃爱动的，在活动、游戏时经常会被树枝、尖刀等划破小手，遇到这种情况家长该怎么办？

快速止血法

指头出血

当宝宝指头出血时，家长可以用自己的手指按压宝宝受伤的指头，这样就可以起到止血的作用。

伤口深需去医院处理，注射破伤风抗毒素。

护理措施

裹纱布

消毒后，可以用干净的纱布将宝宝伤口处包紧，这样可以避免空气中的细菌侵蚀伤口或再次出血。

消　毒

可以在宝宝伤口处用复方碘或碘伏等擦拭消毒，防止宝宝伤口感染。

控制抓挠

长期包扎的伤口会有酸麻的感觉，这时要控制宝宝抓挠伤口，否则，很容易导致伤口破裂。

鼻出血

在干燥多风的季节，宝宝很容易流鼻血。尤其是北方地区，室内室外空气湿度都很低，宝宝鼻腔内的分泌物会结成干痂，鼻黏膜会因为干燥而不舒服，宝宝就会经常不由自主地用手抠鼻子，导致脆弱的鼻黏膜血管破裂出血。

宝宝鼻子出血不要慌

鼻子出血前往往没有任何征兆，所以，宝宝可能会被这突如其来的情况吓得大哭。此时，妈妈不要慌乱，应该按下面的步骤做：

1. 一边安慰宝宝，一边让他坐下，但不要让宝宝过分后仰，防止血液向后流入咽喉，引起不适。

2. 妈妈一手扶住宝宝的后脑勺，一手用拇指和食指稍用力压住宝宝鼻翼两侧。一般压迫 5～10 分钟即可止血。

3. 如果用压迫的方法还不能止血，可用医用脱脂棉球塞住宝宝的鼻腔，要尽量塞得紧一些。同时，在宝宝的鼻梁部位放冰袋或用冷水浸湿的毛巾冷敷，也可收缩鼻部血管，帮助止血。

护理措施

1. 在室内使用加湿器、放个水盆或种一些绿植，增加室内空气的湿度。

2. 如果宝宝鼻腔比较干燥，可以用鼻腔护理喷雾剂（儿童型）每天喷鼻 2～3 次。

3. 纠正宝宝爱抠鼻子的坏习惯，防止机械刺激导致鼻黏膜血管破裂。

4. 多给宝宝喝水，让宝宝多吃水果蔬菜，肉类、油腻食物不要吃得太多，保持宝宝大便通畅。

5. 加湿器最好坚持每天换水，使用一周左右按说明书清洁一次。

头部撞伤

宝宝在成长过程中常常会发生磕到头、撞到手臂等意外，特别是撞到头时，家长总是担心会伤到大脑。宝宝跌伤或撞伤时，应立即做好应急处理，然后根据受伤程度判断是否需要送医。

可先在家观察的情况

意识状态良好，撞伤后，叫宝宝时宝宝有反应，和宝宝对话宝宝也能比较清楚地回答或做出反馈。

有出血但出血不多，通过纱布按压等方式能止住。

哭闹，但哭闹时间不长，能渐渐自行平息。

需立即就医的情况

意识模糊、神情呆滞、昏迷或半昏迷，叫宝宝时宝宝没有反应，讲话突然变得语无伦次，嗜睡。

出血较多，一时无法将血止住。

哭闹不止，极度烦躁，长时间无法安抚。

骨骼异常，撞伤部位骨骼凹陷。

急救方法

按压

如果宝宝头部伤口出血量较多，妈妈需要及时按压宝宝头部的血管。如果是宝宝面部出血，妈妈可以用拇指压迫下颌角与颏结节之间的面动脉；如果是宝宝前额出血，妈妈可以用拇指压迫耳前下颌关节上方的颞动脉；如果是宝宝后脑勺出血，妈妈可以用拇指压住耳后突起下稍外侧的耳后动脉。切忌用力按压。

及时送医

出血严重时，可用卫生纸、纱布压迫包扎止血，然后立即送医处理。送医时，应让宝宝平卧，头侧向一边。

小贴士

为了防止宝宝头部碰伤，妈妈可以将室内那些离地面不高的物品移走或用防撞条等防护用品包裹桌角处等，这样一来，淘气的宝宝就不容易撞到头了。另外，宝宝头部碰伤很多时候是滑倒造成的。为了防止宝宝滑倒，可以在地面铺上一层防滑物，并及时擦去地面上的水。

护理措施

1. 观察外伤

如果跌伤后没有皮损、出血等情况，应观察宝宝是否有凹陷性骨折和血肿，前囟未闭的宝宝，需轻轻按压感觉其是否饱满，如果有异常，应立即送医院。

2. 有肿块时——冰敷

受伤 24 小时内，局部用冰块冷敷可缓解症状。可以用毛巾包裹冰块或冰袋，敷在肿块处，以减少出血和疼痛。72 小时后应局部热敷，以促进淤血的吸收。

3. 合并有伤口时——消毒、止血

如果伤口不大，可以用蘸有碘伏的消毒棉棒由内向外环状清洗伤口，消毒范围距伤口边缘两厘米以上，之后用干棉球、棉棒或纱布拭净。需要特别注意的是，一根消毒棉棒只能擦拭 1 次，动作要轻柔。

4. 包扎伤口

消毒后可以用纱布包扎伤口。最好不要在宝宝伤口擦拭红药水或止血粉等药物。要定期为宝宝更换包扎伤口的纱布，以免感染，影响伤口愈合。

5. 定期复诊

如果宝宝出现严重的颅脑损伤，经治疗后，仍需定期去医院检查。因为部分颅脑损伤，如颅内出血，出院时陈旧性出血未完全吸收，脑脊液循环未完全通畅，脑组织仍暂时受压。家长必须在宝宝出院后 1 周到医院检查其吸收恢复情况，必要时进行康复治疗，将后遗症减至最少。

摔倒磕伤

宝宝摔倒碰伤在所难免，皮肤擦伤、肿胀时，应该如何处理？

皮肤擦伤的处理措施

1 无菌操作

伤口上的脏物可能会引发感染，因此，需要坚持无菌操作。可用凉白开、矿泉水或自来水冲洗损伤部位，确保没有脏东西留在里面，防止感染。

2 避免使用碘伏

擦干伤处，覆盖干净纱布。避免使用碘伏，以免增加宝宝的痛苦。

3 使用医用消毒纱布覆盖

如果伤口部位比较大，或者有渗出物，最好使用医用消毒纱布覆盖，紧急情况下，可用干净的手绢、毛巾、纸巾作为替代品敷在擦伤处。禁止使用面粉和牙膏敷在伤口处。注意，擦伤部位如果是手指或脚趾，不要把手指或脚趾缠得过紧，以免影响血液循环。

应对肿胀

1. 撞伤时，可用冰块冷敷肿胀处，减轻疼痛。

2. 第三天起采用热敷（注意不要烫伤宝宝），每天 2～3 次，直至消肿。

宝宝撞伤，这些行为不能有

不要用手直接去触摸撞伤的皮肤，甚至去撕扯，以防细菌侵入；不要用手去揉压肿胀处，以免淤血不散，让伤口自然消肿最好。

烫伤

在洗澡、喝水的过程中，经常会出现因为家长的操作不当，或者宝宝乱动而导致烫伤的意外发生。宝宝烫伤不要慌张，应及时采取应对措施。

烫伤后的处理措施

1 剪开衣服

切忌胡乱扯下宝宝的衣服，这样会增加衣物对烫伤表皮的摩擦，加重皮肤的损害，甚至会将受伤的表皮拉脱。可以拿剪刀将衣物剪开。

2 凉水浸泡或冷毛巾敷于创面

如果是面积不大的肢体烫伤，可用冷水浸泡 20～30 分钟，这样可以减轻损伤和疼痛；如果是其他部位的烫伤，也可用冷毛巾敷于创面，但切忌摩擦创面。因为用冷水处理创面可以带走烫伤皮肤内残存的热量，减轻进一步的热损伤，使创面迅速冷却下来。

3 避免乱涂药物

凉水冲过后，用干净的毛巾或床单吸干伤口部位，可涂些烫伤膏。创面过大，应立刻送往医院诊治。

烫伤后乱涂牙膏、酱油、白酒、碘伏、酒精等，可能会引起感染，还会增加医生观察和处理创面的难度。

宝宝烫伤，不要接触性冰敷

不要用冰块直接冷敷伤处，过冷的刺激会对皮肤造成更大的伤害；不要涂润肤霜，防止引起进一步的过敏症状。

专题：宝宝吃错药，第一时间做什么

在医院里，经常看到家长急匆匆地带着宝宝来看急诊，说是宝宝误吃了不该吃的药！对宝宝来说，花花绿绿的药片和糖果没什么区别，而且，宝宝对药物的耐受力不如成年人，一旦吃了不该吃的药，很可能会造成严重的后果。下面告诉家长一些宝宝吃错药的家庭应急处理方法。

误吃普通中成药、维生素、止咳糖浆等不良反应或毒性小的药物

让宝宝多喝凉白开，这样可以使血液中的药物浓度得到稀释，并通过多排尿，将药物及时排出体外。

误吃有剂量限制要求的药物

有的药物不良反应或毒性较强，且有一定的剂量限制，如降压药、退热镇痛药、抗生素及避孕药等。如果发现宝宝误服了这些药，要迅速用手指或筷子等刺激宝宝的舌根（咽后壁）催吐，然后大量喝水，反复呕吐洗胃。催吐和洗胃后，让宝宝喝几杯牛奶，以保护胃肠道黏膜。

误吃外用药

外用药大多具有毒性及腐蚀性，宝宝误吃了应尽快处理。如果宝宝误喝了碘伏，要赶紧给宝宝喝面糊、米汤等淀粉类流质食物，因为淀粉与碘作用后，能生成碘化淀粉，毒性就大大减小了。随后，还必须把这些化合物催吐出来，反复多次，直到呕吐物不显蓝色为止。

注：上述家庭急救措施完成后，应立即送宝宝到医院进一步观察、救治。去医院时，一定要带上宝宝错服药的包装和说明书，供医生了解错服药物。

0～7 岁男童身高生长曲线

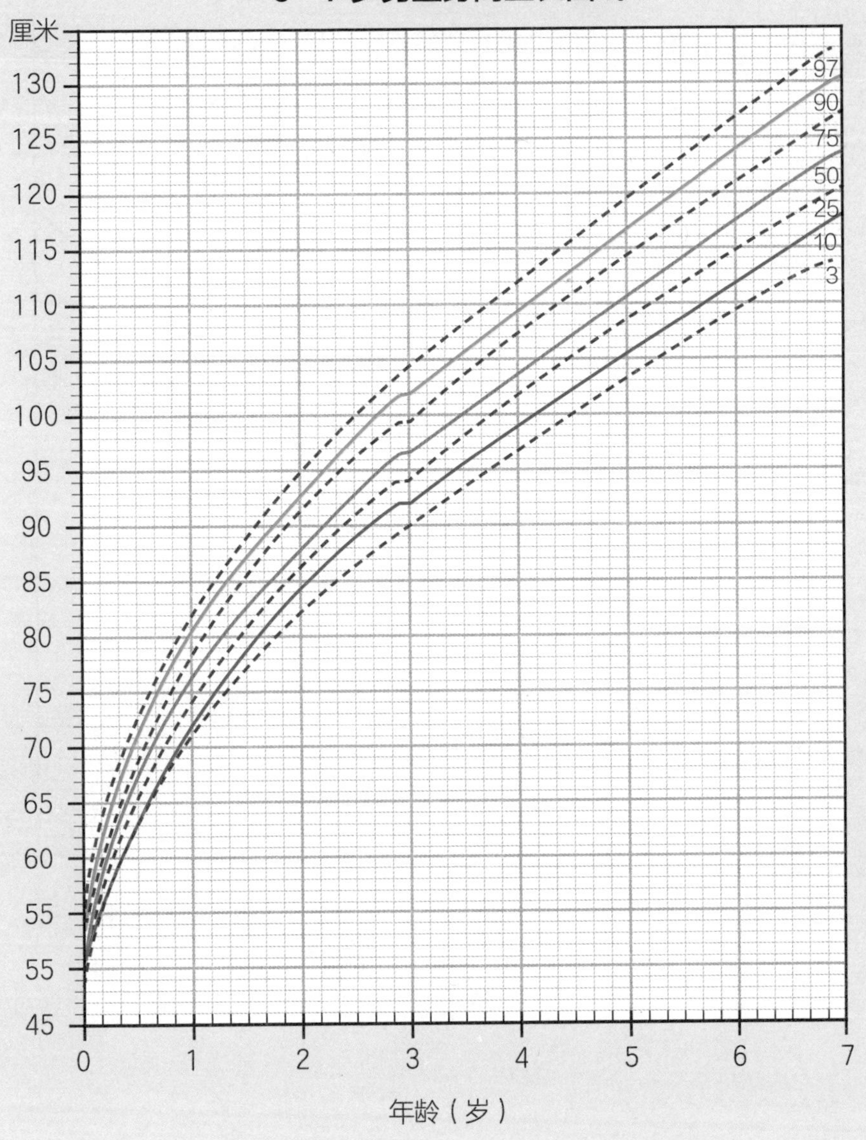

0～7 岁男童体重生长曲线

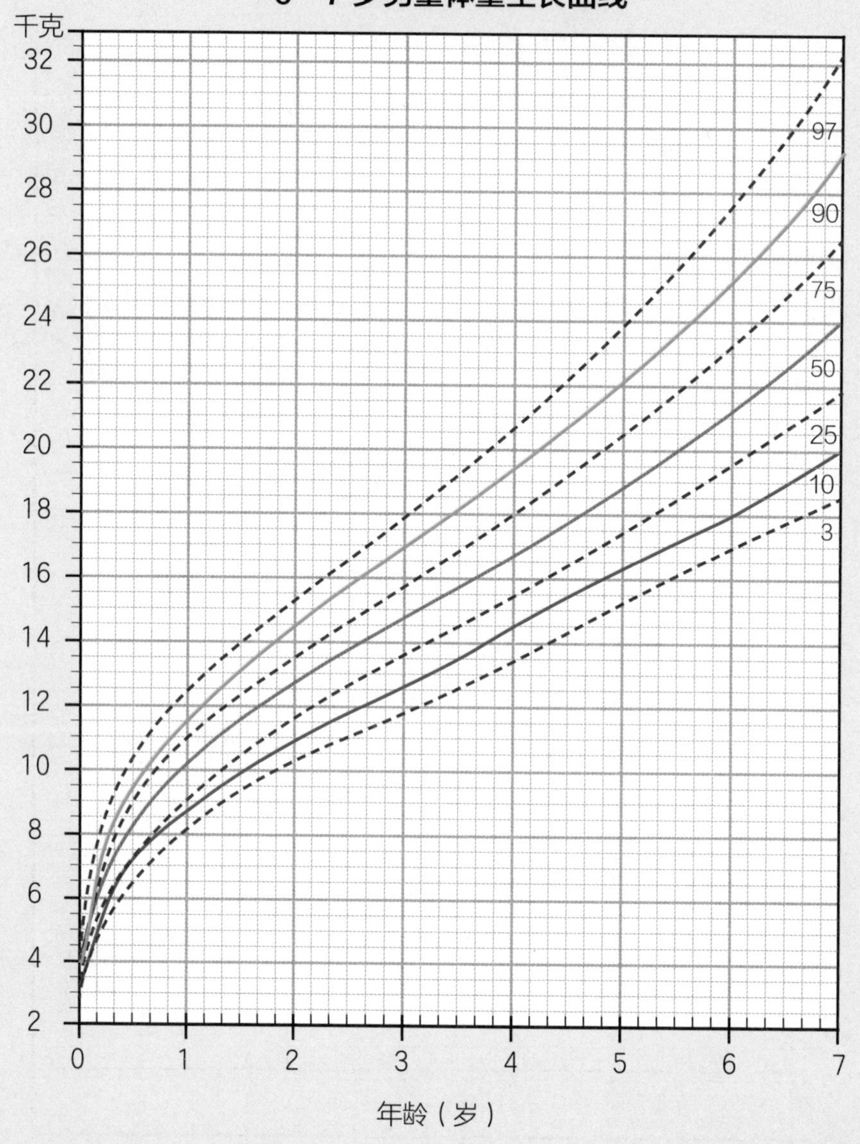

0～7 岁女童身高生长曲线

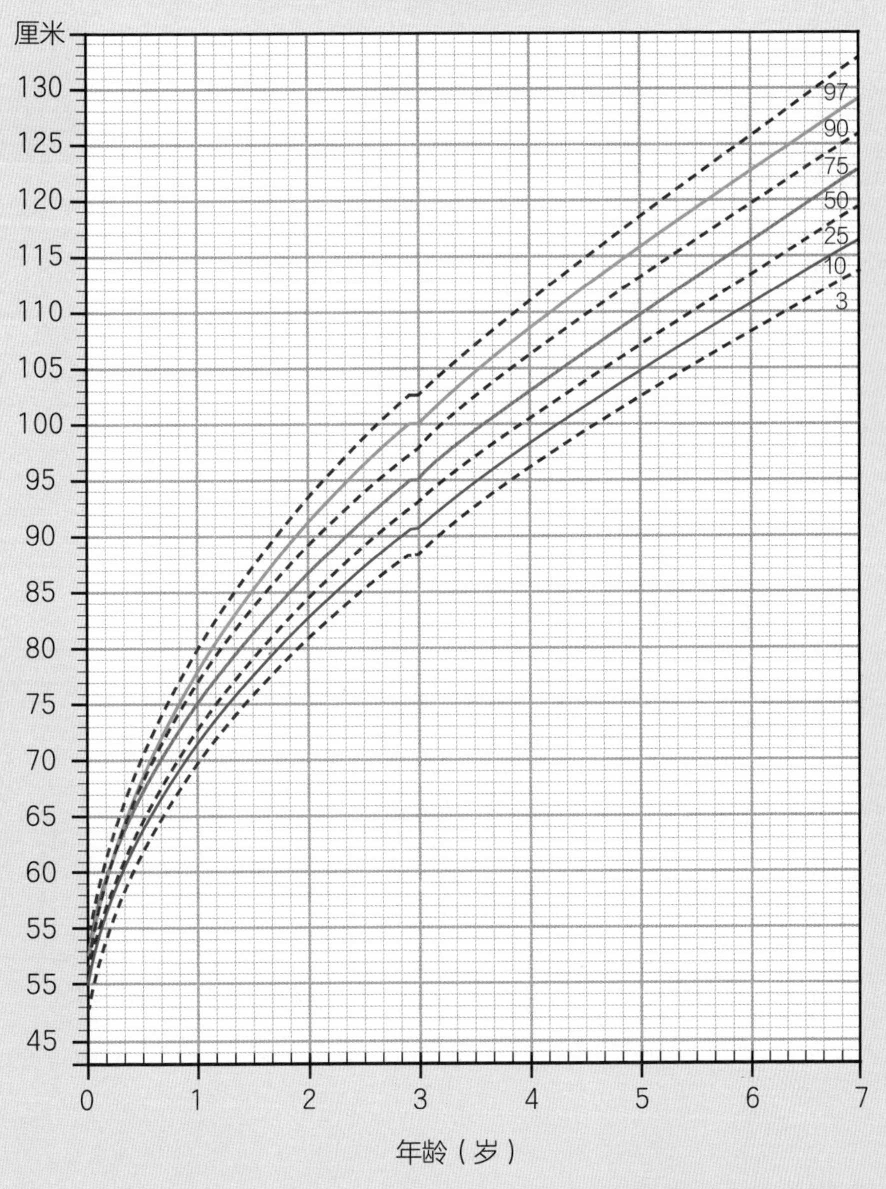

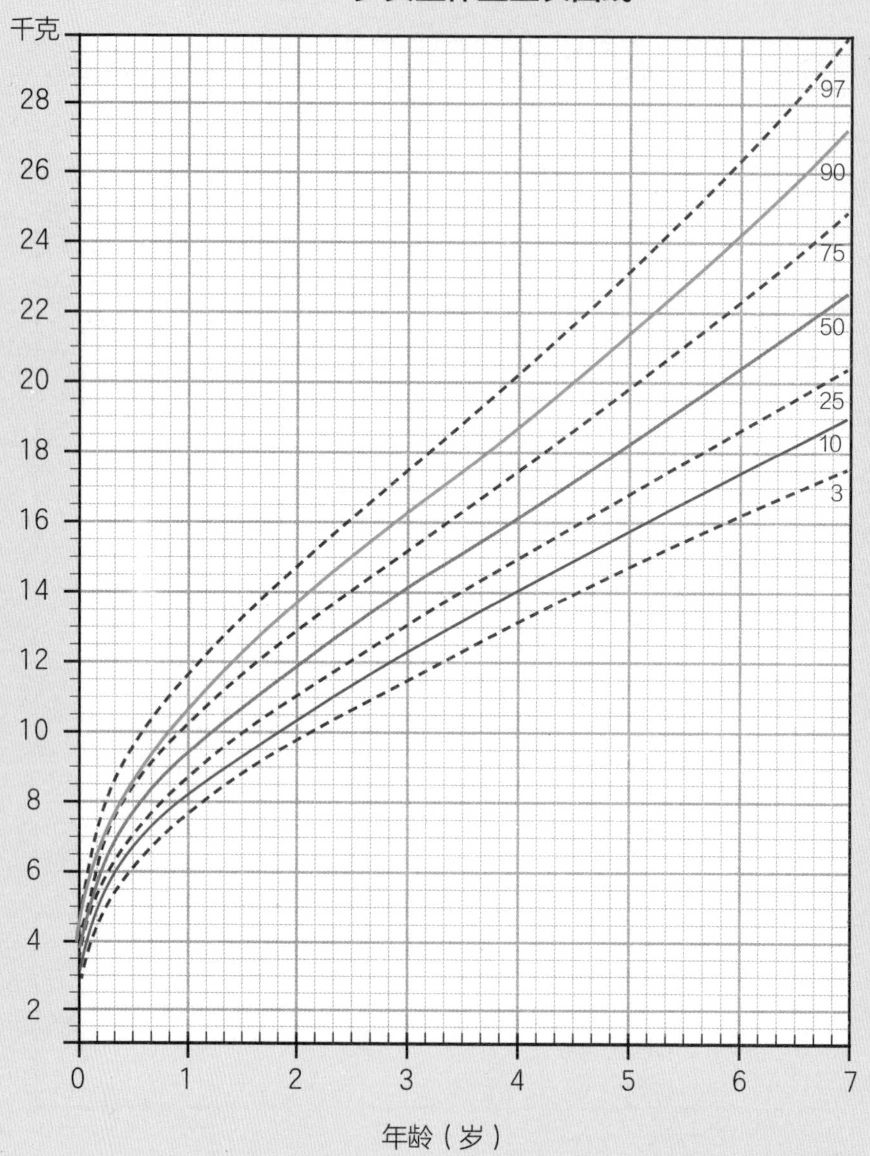

注：这 4 页为 0～7 岁男孩和女孩的身高、体重生长曲线图。曲线图中对生长发育的评价采用的是百分位法。只要孩子的身高、体重数据对应的点在第 3 百分位和第 97 百分位之间，而且长期平缓无较大波动，那么就说明孩子的成长情况良好。